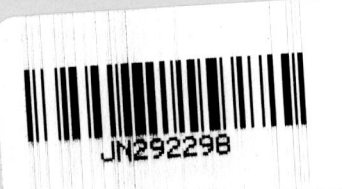

First Book

天気図がわかる

具体例を見て読んでわかる
天気図に親しむ気象入門

三浦郁夫 著

技術評論社

はじめに

この本を手に取られた皆さんは、天気図についてどのような印象を持たれているのでしょう。よくわからないものでしょうか。古い資料というイメージでしょうか。

最近のテレビの天気予報番組を見ていると、天気図が全くなく、晴れや雨のマークしか出てこないものがあります。資料を見せる番組でも、気象衛星やアメダスの分布図が主流のものが多くなっているようです。一方、NHKの気象情報番組では今でも必ず天気図は出てきますし、新聞にも気象衛星写真とあわせて必ず天気図が載っています。筆者は子供の頃からテレビでも新聞でも天気図を見て天気予報を知る習慣があり、さらに、その天気図を描くという仕事にも就いたためか、天気マークだけの天気予報では、その予報された天気を「なるほど」と感ずることができません。これは、人間ドックを受けて「内臓に脂肪がついていますよ」と言われるだけでは実感できないのに対し、内臓に脂肪のついたMRIの断面画像を見せられると、「なるほどこれはいかんな」と思ってしまうのに似ています。

ただ、天気図を見て天気がわかるためには、ある程度の知識が必要です。これもやはり内臓の超音波診断を素人の私が見ても、どれがどの器官なのかさえわからないのに似ています。この本では、天気図を見てそこには何が書いてあるのか、何がわかるのかということから始めて、典型的な天気図パターン、過去の記憶に残る天気図、そして、最後はプロの使う天気図が“わかる”ように解説しています。これらの解説を読んで、テレビや新聞の天気図を見て「なるほど」と天気予報を理解するようになっていただければと思っています。さらに、理屈で天気図を理解する習慣をつけて、気象予報士を目指すのもよいかもしれません。そんなことも考えて、過去の気象予報士試験の問題も入れてあります。どうぞ、天気図を学ぶ楽しさを味わってください。

このような本ができるにあたって、技術評論社の佐藤丈樹さんに素晴らしいアイデア出しと編集をしていただきました。また、CoSTEP講師の皆さんには、執筆開始前に科学的文章の書き方について改めて教えていただきました。そして、愛する明子には執筆中に終始励ましをもらい、この本の出版を一番楽しみにしてくれています。本当にありがとうございました。

2008年1月　三浦郁夫

 Contents

第1章 天気図を読むための予備知識
──記号の意味を理解する

第2章 季節に典型的な天気図を攻略
──気圧配置と天気の関係

第3章 歴史的な天気図を読みといてみよう
——進化する天気予報

第4章 仕事で使う、専門天気図の読み方
――より深い理解のために

第1章

天気図を読むための予備知識

記号の意味を理解する

この章では、天気図にはどのようなものが描かれているのか、基本的なことを説明しています。また、天気図をわかるために必要な、基本的な気象の知識である低気圧や前線の構造、温度と湿度の関係などについても触れています。中学校で習ったことを思い出しながら読んでください。

1-1 天気記号

はじめに、天気記号について確認しておきましょう。天気図自体は、新聞やテレビでよく見慣れているものですが、天気記号には見慣れないものもあるので、きちんと押さえておきましょう。

あまり見かけない天気記号もある

通常、日本で「天気図」と言うと、新聞やテレビなどでおなじみの、低気圧・高気圧、等圧線などが描き込まれた「気圧配置図」のことを指します。これらは気象現象を理解するにあたって重要なものですが、晴れや雨などの「天気」そのものは図示されていない場合も多くあります。

一方、中学校などで習う天気図には、いくつかの観測ポイントにおける天気のマークと、風向・風速が描かれています。

このマーク、すなわち**天気記号**は、気象庁の公式文書「部外発表天気図の記入形式について」で定められています。天気のマークには、快晴（○）や曇《くも》り（◎）、雨（●）などのおなじみのものもありますが、煙霧や地吹雪、ひょうなどの、見たこともないものもあるでしょう。

天気の細かい定義

晴れの定義は、空の2割以上8割以下を雲が覆っている天気で、降水がない場合です。これより雲がある場合が曇《くも》りで、これ未満だと快晴となります。ただし、どんなに青空が見えていても、雨や雪が降っている場合は、天気は雨や雪となります。また、空が見えていても、地上付近に霧が出て、見通し距離（視程）が1kmを切ると霧という天気になります。

みぞれ、ひょう、あられはどんなマークでしょうか？　みぞれのマークは雨と雪を半分ずつ取ったようなマークになっていますが、みぞれの定義そのものも、雨と雪が同時に降っている状態を指します。よく「みぞれ交じりの雪が降る」などと言いますが、気象学的には雪がどこまで溶けたらみぞれと言うというものはありません。固形の降水であれば、雪かあられ

日本式天気記号

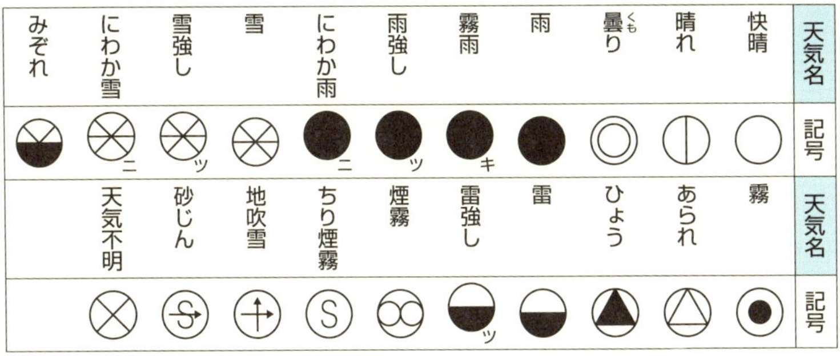

かひょうに分類されます。氷の粒で直径が5ミリ以上のものをひょう、5ミリ未満のものをあられと呼びます。白い不透明な5ミリ未満のものを雪あられと呼ぶこともあります。

また、雨や雪、雷には「強し」という状態の表現があります。この強さにはもちろん基準があって、雨の場合は1時間に15ミリ以上、雪の場合は1時間に3ミリ以上の場合に「強し」になります。雷の場合は、強さの基準はその音（雷鳴）の強さで、「人を驚かすほど」だと「強し」となるということになっています。

黄砂が降ると、天気記号はどうなる？

ほとんどの人が聞いたことがないと思われる天気として「ちり煙霧」があります。これは黄砂が空を覆って視界が非常に悪くなったとき（見通しが1km以下）などに、そう呼びます。日本でも春先などに黄砂がしばしば観測されますが、視界がそれほど悪いことは少ないため、天気がちり煙霧になることはほとんどありません。黄砂のふるさとである中国や、モンゴルなどで観測され、天気図に出てくることがあります。

POINT

- 天気記号は、気象庁の公式文書で定められている。
- 天気の定義は、たとえば晴れならば、空の2割以上8割以下を雲が覆っている天気で降水がない場合を呼ぶなど、細かく定められている。

1-2 風向と風力

天気図に載っている観測データは天気だけではありません。天気記号の周りには、あわせて風のデータが記入されています。ここでは風向と風力を読み取る方法を確認しましょう。

風は「吹いてくる方角」で呼ぶ

風向とは、風が吹いてくる方向です。西風と言えば、西から東に向かって風が吹くことで、北西の風と言えば、北西から南東に向かって吹く風です。

これを天気図に記入する場合、吹いてくる方向にまず線を引き、そこに風力の枝を描きます。このため、このマーク（**矢羽**と呼びます）は風上から風下に向かって飛んでいく矢のように見えます。一方、風見鶏は風の吹いてくる方向を向くので、それが矢のような形をしていた場合、その矢は風下から風上に向かって飛ぶように見えます。この2つの矢の向きを混同すると間違う元ですので、注意してください。

風向は、16方位と呼ばれる東西南北を16分割にした方法で呼ばれます。北と西の間が北西、北西と北の間が北北西、北西と西の間が西北西です。他の方位も同様に呼ばれます。東や西との組み合わせでは南か北が必ず先に来ますので、西北とか東南という呼び方は風向では使いません。

風力には階級がある

風の強さを**風力**で表します。**風力階級**は、もともとはイギリス海軍のフランシス・ビューフォート提督が定めた「ビューフォート風力階級」が元になっています。このため、m/s（メートル毎秒）で表すと、中途半端な数字になってしまいますが、船舶などで一般的に使われる**ノット**（1ノット＝1.852km/h）ではキリのよい数字になっています。

気象庁風力階級表では、風速に対応した陸上の木々の揺れる様子や海上の波の様子が表現されています。このために、風速計がなくてもおおよその風力を図ることができます。

風力と風速の対応表と、矢羽の表記法

風力	記号	地上10mにおける相当風速(m/s)(同一Kt(ノット))
0		0.0 ～ 0.3 未満(1Kt未満)
1		0.3 ～ 1.6 未満(1～4Kt未満)
2		1.6 ～ 3.4 未満(4～7Kt未満)
3		3.4 ～ 5.5 未満(7～11Kt未満)
4		5.5 ～ 8.0 未満(11～17Kt未満)
5		8.0 ～ 10.8 未満(17～22Kt未満)
6		10.8 ～ 13.9 未満(22～28Kt未満)
7		13.9 ～ 17.2 未満(28～34Kt未満)
8		17.2 ～ 20.8 未満(34～41Kt未満)
9		20.8 ～ 24.5 未満(41～48Kt未満)
10		24.5 ～ 28.5 未満(48～56Kt未満)
11		28.5 ～ 32.7 未満(56～64Kt未満)
12		32.7以上(64Kt以上)

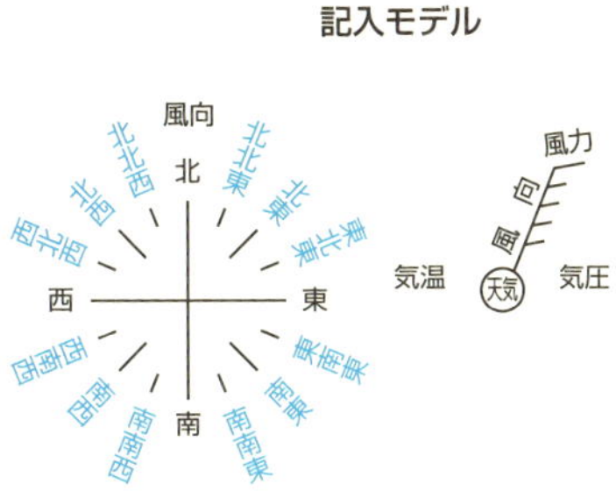

風力は12階級に分かれています。このうち風力8以上の熱帯低気圧を日本では台風と呼び、風力12以上の台風を「強い台風」と呼びます。台風にはそれ以上強い風の分類もありますが、それについては3-8(→p.117)で解説します。

たびたび話題になる気象現象に竜巻があります。竜巻の強さを表す階級は、それを定めた人の名前を取って「F（藤田）スケール」と呼びます。F0は風力12の強さに対応する風として決められています。ビューフォート提督はこれ以上強い風は知らなかったのかもしれませんが、竜巻の中ではさらに強い風が吹いています。

ちなみにFスケールも風力階級を模して12段階まで決められています。最大のFスケール12は音速に匹敵する速さですが、もちろんそんな速さの風は地球上には存在しません。

POINT

- 風向とは、風が吹いてくる方向を指す。
- 風力は、ビューフォート風力階級を元に階級分けされている。

1-3 等圧線

天気記号、風力・風向と確認してきましたが、我々が目にする天気図に欠かせないものといえば等圧線です。ここでは等圧線の読み方と、その注意点について説明します。

気圧配置図が「天気図」と言われるわけ

1-1（→p.10）でも書きましたが、日本で「天気図」と言うと、通常は気圧配置図のことを指します。気圧配置図には、気圧の等しいところを結んだ線である**等圧線**が描かれており、等圧線図とも呼ばれます。

気圧配置図が「天気図」と言われているのは、この気圧配置図を見ることで、天気に影響を与える低気圧や前線の位置がわかり、結果として天気がわかることから、そう呼ばれているのでしょう。また、気圧配置図ではその等圧線を見ることで、おおよその風の強さと風向がわかります。

等圧線の間隔で風の強さがわかる

地図の等高度線を見れば、山と低地、つまり高いところと低いところがわかります。同様に気圧配置図でも、気圧の高いところと低いところがわかります。また、地図において、等高度線どうしの幅の狭さ・広さで山の斜面が急か緩いかがわかるように、気圧配置図でも、等圧線どうしの幅の狭さ・広さで、気圧の傾きが急か緩いかがわかります。

このことは風の強さを読み取るのに役立ちます。地上付近の風は、地形の影響を受けない限り、気圧差と、地球の自転によるコリオリ力（転向力）、そして地表の摩擦のつりあいで吹いています。気圧差が大きいほど強い風が吹きます。気圧差が大きいところでは気圧の傾きが急になっているので、気圧配置図の等圧線の間隔を見れば、どこで風が強くなっているかがわかります。ただし、緯度によってコリオリ力が異なるなど条件が変わってくるため、結果として同じ気圧の傾きでも緯度が低いほど強い風が吹く、ということに注意する必要があります。

ボイス・バロットの法則と、等圧線のとらえ方

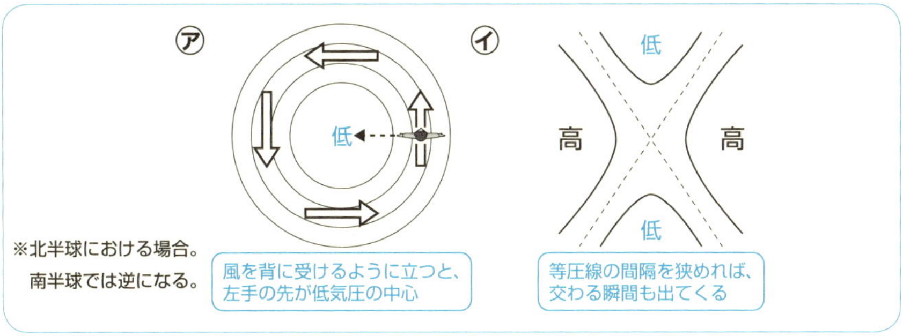

※北半球における場合。
南半球では逆になる。
風を背に受けるように立つと、
左手の先が低気圧の中心

等圧線の間隔を狭めれば、
交わる瞬間も出てくる

次に、風向を知る方法です。大きな天気図があったとして、図㋐のようにその上に立つことを考えます。気圧の高いほうを右手、低いほうを左手になるように立った場合、風は背中から正面に向かって吹きます。これを**ボイス・バロットの法則**と呼びます。逆に言うと、背中から風を受けるように立った場合、低気圧の中心は左手の先にあると言うこともできます。

「等圧線は交わらない」の意味

気圧配置図上では等圧線は突然切れることはありません。地球全体で考えると、必ず輪になっています。また、値の異なる等圧線が交わったり、合わさったりすることもありません。1つの場所が2つの気圧を持つと言うことはありませんので、これは当然です。

一方、同じ値の等圧線も交わることはないと言われますが、これは、科学的には必ずしも正しくありません。例えば、図㋑のような気圧分布を考えます。実線の等圧線の間隔は4hPaごとですが、これより間隔を狭めて0.1hPa間隔などで線を引けば、必ず破線のような交わる等圧線が引けるはずです。最近、テレビなどで「動く天気図」などと呼んで、等圧線が変化していく様子を見せることがありますが、よく見ていると、このような交わる等圧線が出てくることがあります。ある瞬間には必ず交わるときがあるのですが、その瞬間が天気図を描く時間である確率は非常に低いと考えられるので、「等圧線は交わらない」という常識になっているのです。

POINT

●等圧線を見ることで、おおよその風の強さと風向を知ることができる。

1-4 低気圧

テレビの天気予報でも、低気圧はよく耳にする重要な言葉です。天気の変化を理解する上で、低気圧の把握はとても重要ですので、ここでは低気圧についてきちんと押さえておきましょう。

「低気圧」に含まれるもの

天気図で「低」と描かれている部分は、普通は**低気圧**のある場所です。低気圧には色々な種類があり、台風も低気圧の一種ですが、台風の場合は天気図では「台」と示されます。また、台風は**熱帯低気圧**の一種ですが、台風ほど発達していない熱帯低気圧（中心付近の風が17.2m/s未満の平成11年以前は「弱い熱帯低気圧」と呼ばれていたもの）は、「熱」と示されます。ですから「低」と描かれる低気圧は、それ以外の低気圧ということになります。それ以外の低気圧には、いわゆる**温帯低気圧**などがあります。

温帯低気圧のできる理由

温帯低気圧とは、その名のとおり温帯で発生・発達する低気圧で、通常は前線を伴います。普通、前に何も付けずに低気圧と言うと、これを指します。なぜ温帯で発生・発達するかというと、この領域がちょうど赤道側の暖かい空気と極側の冷たい空気の温度差の大きくなる領域だからです。

赤道側の暖かい空気と極側の冷たい空気の温度差がある一定以上になると、その状態を維持することができなくなり、暖かい空気は極側へ、冷たい空気は赤道側へ流れようとします。このとき、上昇しながら極へ進む暖かい空気と下降しながら赤道側へ進む冷たい空気の境目のあたりの気圧が最も低くなります。これが温帯低気圧です。

逆に言うと、温帯低気圧ができて、その東側で暖かい空気が上昇しながら極へ向かい、西側で冷たい空気が下降しながら赤道側へ向かうのが、最も効率的な極と赤道の熱の交換方法である、とも表現できます。温帯低気圧は、地球上の大気の温度を平均化する作用を持っているということです。

前線のない低気圧の例

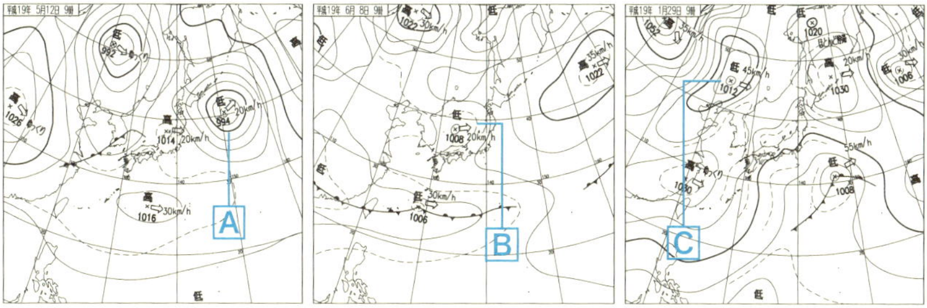

低気圧だから前線があるとは限らない

天気図を見ていると、一般的な温帯低気圧とは違い、前線が周りに描かれていない低気圧が見られることがあります。

温帯低気圧が発達しその一生を終えようとする頃には、温帯低気圧の周りの温度差がなくなります。このため、低気圧の周りには前線が見られなくなります（A)。また、上空の寒気に伴って大気の状態が不安定になり、上昇気流が発生して気圧が低くなって低気圧になることもあります。この場合も地表付近には温度の差はありませんから、前線は描かれません（B)。

低気圧の定義は、周りと比べて気圧が低く、閉じた等圧線で囲まれる部分というだけです。ある気圧以下にならないと低気圧ではないということはありません。冬場の大陸では全体的に気圧が高くなりますが、その中で1000hPa以上の低気圧が発生することもありますし（C)、海洋上で発達する温帯低気圧のように、960hPaを下回るような低気圧もあります。ただし、日本のずっと南の海上で×印が横に描かれない「低」のマークが現れることがありますが、これは低気圧ではなく「低圧部」です。低圧部は周りよりも気圧が低く、等圧線が閉じて描かれますが、温帯低気圧ほどには中心がはっきりしていないものです。

POINT

- 低気圧は周りと比べて気圧が低く、閉じた等圧線で囲まれる部分であり、、台風、熱帯低気圧、温帯低気圧などの種類がある。
- 低気圧だからといって、必ず前線があるとは限らない。

1-5 高気圧

低気圧とあわせて、テレビの天気予報でよく言及されるのが高気圧です。高気圧が天気におよぼす影響について、さまざまな場合ごとに具体的に見ていきましょう。

高気圧で晴れる理由

天気図で「高」と描かれている部分は、高気圧のある場所です。高気圧の定義は低気圧のまったく逆で、周りよりも気圧が高く閉じた等圧線で囲まれた領域ということです。こちらも、ある気圧以上ではないと高気圧ではないというような基準はありません。高気圧の周りでは北半球では時計回りに風が吹いています。

低気圧と交互に現れる**移動性高気圧**や、夏に日本付近を覆う**太平洋高気圧**では、一般的に上空は下降気流になっているので晴れることが多くなります。空気が下降すると、下層は気圧が高いので、気圧が上がります。気圧が上がると温度も上がります。温度が上がるとその飽和水蒸気量（1-15、→p.39）が増えますから、凝結していた水蒸気（雲）が蒸発して気体となって空気中に含まれるようになります。このため、高気圧に覆われると晴れるのです。

必ず晴れるとは限らない?

ただ、実際の天気は高気圧があるから必ず晴れるというほど単純ではありません。次ページの天気図は日本の東に高気圧の中心があって、日本の南はその高気圧の張り出しに広く覆われている日のものです。一方、その下の気象衛星写真はこの天気図と同じ時刻のものですが、よく見るとわかるように、高気圧の中心付近には確かに大きな雲の領域はないものの、まったく雲がないわけではありません。小さな積雲と思われる雲はたくさんありますし、高気圧の端のほうには比較的まとまった雲も見られます。これは、大きなスケールでは下降気流の場となっているものの、小さなスケ

天気図では高気圧が覆っているが、衛星写真では雲が見られる

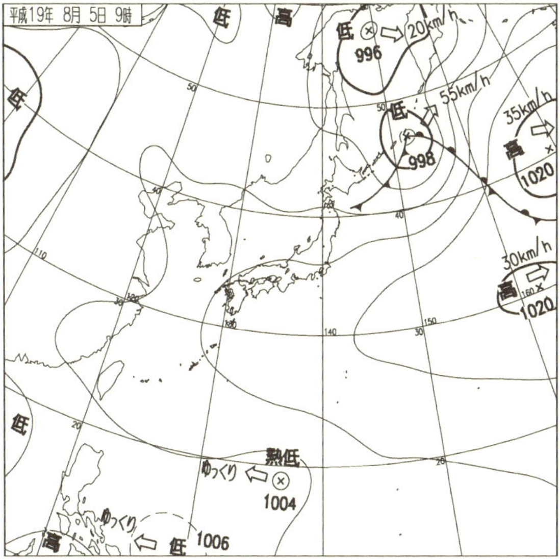

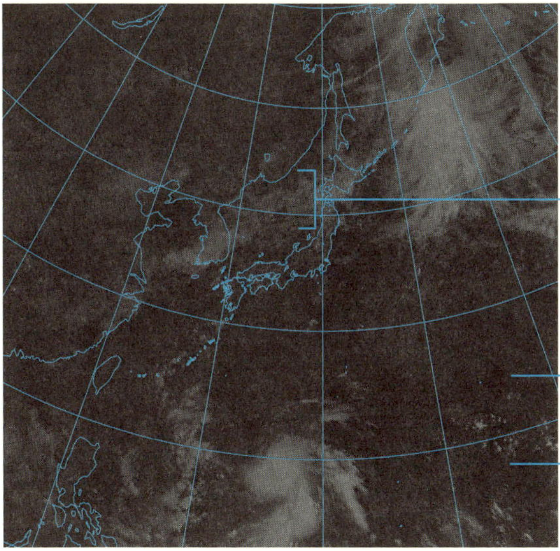

端にはまとまった雲があり、
小さな積雲も見られる

（可視画像）

ールでは上昇気流が発生していることや、高気圧の端のほうでは風の収束する領域ができ、強い上昇気流の発生する場合があるため、雲が発生しているのです。

また、低気圧が通過した後、高気圧が近づいてくるときに、最も強い下

降気流の領域に入りますが、その際に入ってくる寒気が強い場合は、その冷たい空気が暖かい海で暖められるとともに水蒸気を含み、大気の状態が不安定になって雲が発生します。これが冬の日本海側の地域に雪を降らせる原因です。この現象は日本海だけで発生しているわけではなく、寒気が日本を通り過ぎて太平洋に達したときにも発生していますし、同じような状況になった大西洋でも南氷洋でも同じような雲が発生しています。「高気圧＝晴れ」という固定観念は持たないことが肝心です。

地表面が冷えることによる「冷たい高気圧」

高気圧の中には「冷たい高気圧」と呼ばれるものがあります。これは、冬に地表面が非常に冷えると、その上の空気も冷やされることによって発生するものです。空気は冷やされると体積が小さくなり密度が大きくなります。このために気圧が上がるというわけです。

このタイプの高気圧として代表的なものとしては、冬のユーラシア大陸に発生する**シベリア高気圧**があり、冬の最盛期には時として1060hPaに達することがあります。この高気圧の勢力が強くなるということは、強い寒気が畜積されているということです。このため、この高気圧が生まれたあとは、強い寒気が日本付近にやってきて冬型の気圧配置となり、大雪になることがあります。

POINT

- 高気圧は周りと比べて気圧が高く、閉じた等圧線で囲まれる部分である。
- 高気圧に覆われると天気は晴れることが多いが、場合によっては必ず晴れるとは限らない。

1-6 前線

ここでは天気図における前線の意味を理解しましょう。前線は「線」といっても実際には幅を持っており、前線付近で起きている現象を考えるには、立体的なイメージを持つことが肝心です。

最初に気団あり

大気中のある程度まとまった広さと高さにおいて、同じ程度の密度を持った塊ができることがあります。例えば、暖かい海の上には暖かく湿った空気の塊ができますし、冷たい陸の上には冷たく乾いた空気の塊ができます。この塊を**気団**と呼びます。

気団は大きい場合、北太平洋全体を覆うような大きさのものもありますが、小さいものでは、日本付近だけに発生することもあります。

気団の接したところが、前線面・前線

それではこれらの気団が、前線とどう関係してくるのでしょうか？

答えを言ってしまうと、2つの密度の異なる気団が接している面を**前線面**と呼び、その前線面と地表の交わる線を**前線**と呼びます。通常、テレビや新聞での天気図に描かれる前線は、地上の前線のうち、ある程度大きな気団（水平規模が数百キロ程度）の境界を表す前線です。

しかし実際には、もっと小さな気団に伴う前線もあります。ただ、そのような気団に伴う前線は、専門家が天気予報を行うときに解析することがある以外は、一般の方の目に触れることはほとんどありません。

密度の異なる気団の境目では、密度の大きな（冷たい）空気は下降し、空気密度の小さい（暖かい）空気が上昇します。結果として、上昇気流が発生して雲ができ、前線付近は悪天となります。この意味で、天気図における前線は重要なものです。

前線面と前線

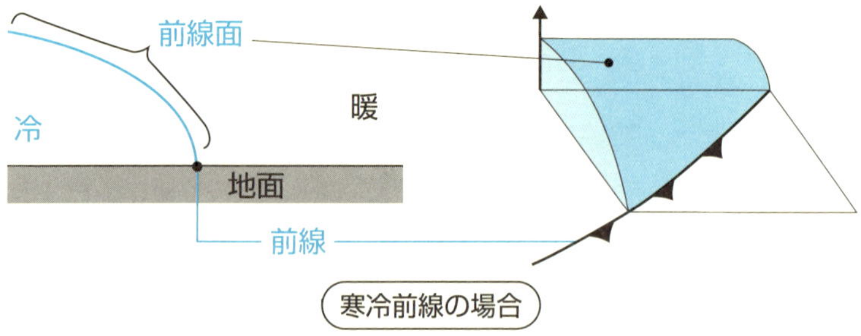

前線の微細構造

大きな規模の前線の場合、「線」と言っても実際にはある程度の幅がある層です。その幅は、例えば日本付近の低気圧に伴う前線の場合には、数キロ〜数十キロ程度あり、その間は徐々に気温などが変化しています。

通常、前線は、その層のもっとも暖かい側の位置に描かれることになっています。前線面は、その流れの変化する面ととらえてください。

また、前線の図を見ると、つい、前線面を通して空気の出入りがないようなイメージを持つかも知れません。しかし､実際にはそんなことはなく、前線面においても空気は流れています。

POINT

- 2つの密度の異なる気団が接している面を前線面と呼び、その前線面と地表や等圧面との交わる線を前線と呼ぶ。
- 前線付近では、上昇気流が発生して雲ができ、悪天となる。

1-7 寒冷前線・温暖前線

前節ではおおまかに、前線のできる場所と理由、構造について解説しました。ここでは前線のうち、寒冷前線と温暖前線について、具体的に説明します。

暖かい空気が乗り上げる温暖前線

暖かい気団と冷たい気団が接している場合、温かい気団のほうから風が吹き、冷たい気団を押している場合に、それらの気団の境界線を**温暖前線**と呼びます。

暖かい空気は軽いため、冷たい空気に乗り上げる形になり、前面は緩やかな傾斜を持ちます。風の方向に対し前面は緩やかに傾斜しているため、前面に働く風の力は弱くなり、寒冷前線に比べて進む速さは遅くなります。上昇気流も弱いため、これに伴う雲も、巻雲や高層雲、高積雲などの層状の雲が多くなります。

古い教科書などを見ると、温暖前線に伴う雲や雨の領域をはっきり識別できそうな図が載っていることがあります。しかし実際には、寒冷前線の前側、つまり温暖前線の後ろ側の暖かい領域でも、大気の状態が不安定になります。このため、その領域では雲が発生し、雨が降ることが多くなります。ですから通常は気象衛星画像で見ても、低気圧の中心に近い温暖前線の位置ははっきりしません。

冷たい空気がもぐり込む寒冷前線

暖かい気団と冷たい気団が接している場合、冷たい気団のほうから風が吹き、暖かい気団を押している場合に、それらの気団の境界線を**寒冷前線**と呼びます。

冷たい空気は重たいため、暖かい空気にもぐり込む形になり、前面の先端部は立った形になります。この寒気のもぐり込みにより、上昇気流が発生して積雲や積乱雲が発達し、強い雨が降ることが多くなります。寒冷前線の後ろ側には冷たく乾いた空気が入ってくるため、気象衛星画像で見る

温暖前線と寒冷前線のイメージ（実際の傾きは図よりかなり緩やか）

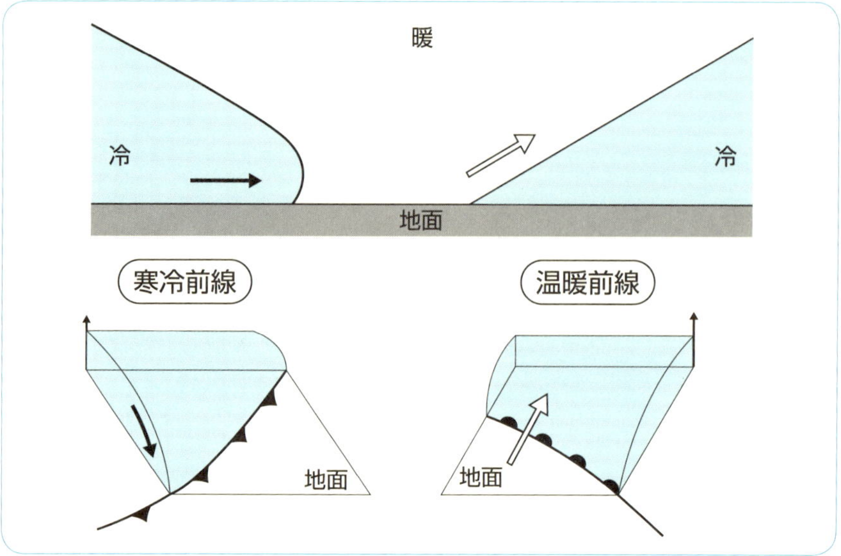

と雲のない領域が広がっています。このため、温暖前線と違い、気象衛星画像を使って寒冷前線の場所を特定することは、比較的容易です。

寒冷前線付近で強い雨が降った場合に、前線付近の雨の降り方を詳細に解析すると、寒気のもぐりこみの場所ではなく、その前の部分で大雨が降っていることがあります。最近の研究では、この寒冷前線の前の暖気団の中の領域に、寒冷前線に沿う形で暖かく湿った空気が南から流れ込み（これをwarm conveyor beltと呼びます）、大気の状態が不安定となって、短時間に強い雨が降ることがわかってきました。

POINT

- 温かい気団のほうから風が吹き、冷たい気団を押している場合に、それらの気団の境界線を温暖前線と呼ぶ。気象衛星画像での特定は難しい。
- 冷たい気団のほうから風が吹き、暖かい気団を押している場合に、それらの気団の境界線を寒冷前線と呼ぶ。気象衛星画像での特定は比較的容易。

1-8 閉塞前線

低気圧に伴う寒冷前線は、やがて同じく低気圧に伴っている温暖前線に追いつきます。このときに生じる気団の境界は、閉塞前線と呼ばれます。ここでは閉塞前線の構造について、詳しく見ていきましょう。

閉塞点では新たな低気圧を生むことも

前節で述べたように、温暖前線の進行速度は、寒冷前線のそれよりも遅くなっています。そのため、低気圧の発達の始めのころには開いていた温暖前線と寒冷前線は、次第に閉じていきます。温帯低気圧の発達が進むと、寒冷前線が温暖前線に追いつきます。このとき、温暖前線の前側の寒気と寒冷前線の後ろ側の寒気の程度により、どちらか冷たい気団の上に、もう一方の気団が乗り上げます。このときの気団の境界を**閉塞前線**と呼びます。

この状態がさらに続くと、低気圧の中心付近は寒気で覆われてきますので、低気圧を発達させる温度差のエネルギーが減少し、次第に低気圧は衰弱していきます。

温暖前線の前の気団のほうが冷たい場合を**温暖型閉塞**、寒冷前線の後ろの気団のほうが冷たい場合を**寒冷型閉塞**と呼び、温暖前線・関連前線との分岐点を**閉塞点**と呼びます。一般に、閉塞点付近で最も上昇気流が強まり、強い雨が降ります。

閉塞前線の両側は異なる気団であるとはいえ、両方とも寒気ですので、しばらくするとその違いがはっきりしなくなり、閉塞前線は消えていきます。一方、閉塞点付近では強い上昇気流が発生していますし、温暖前線と寒冷前線も伴っているので、今度は閉塞点に低気圧が発生し、今度はその低気圧が発達するということがしばしばあります。つまり、

「低気圧発生→低気圧発達→閉塞→閉塞点に低気圧発生→低気圧発達」

という周期を繰り返すというわけです。

閉塞点にできる低気圧を「子供」、その低気圧が発達してまた閉塞し、そこに発生した低気圧を「孫」と考えられることから、この一連の低気圧

閉塞前線は消えても、閉塞点が新たな低気圧を生むことも

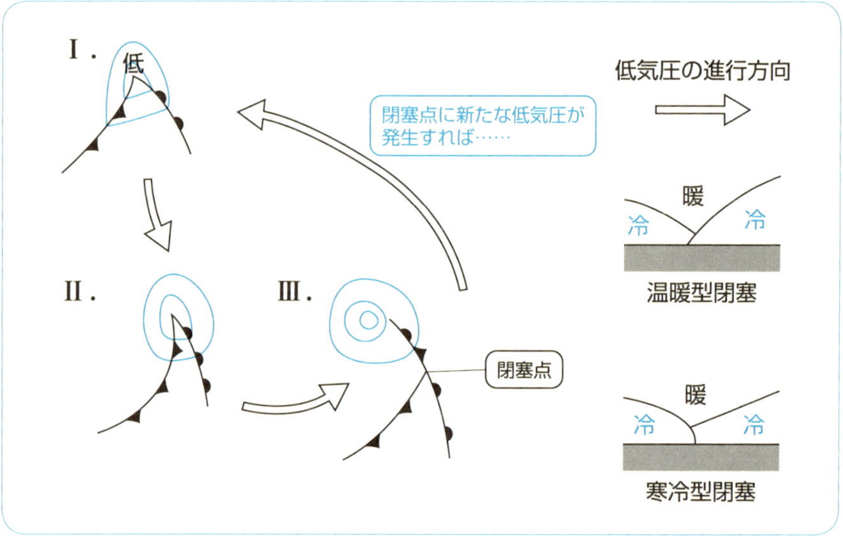

の活動を「低気圧家族」と呼ぶことがあります。閉塞前線は、子供を生むときのへその緒のようなものと言うことができるでしょうか。

ベントバック温暖前線

最近の研究で、温帯低気圧が発達しても、従来考えられていたような閉塞前線は発生しない場合があることがわかってきました。この場合、寒冷前線は温暖前線に沿って東に進み、温暖前線は逆に北西へ曲がりながら低気圧の向きとは逆に後進（ベントバック）します。この場合、寒冷前線は温暖前線と切り離されて東に進みますので、従来考えられていたような閉塞前線とは構造が異なります。これを**ベントバック温暖前線**とか**ベントバック閉塞前線**などと呼びます。

また、このときの低気圧の形は、温暖前線と寒冷前線がTの字を描く（次ページの図のⅢの状態）ので、「Tボーン型低気圧」と呼ばれることがあります。Tボーンステーキとは、ヒレとサーロインの両方の部分が骨の両側についている、一枚で2度美味しいボリュームのあるステーキですが、Tボーン型低気圧は特に美味しいことがあるわけではありません。低気圧の中心まで暖かい空気が入り込むため、そこで降水の量が多くなることが考えられます。

ベントバック温暖前線

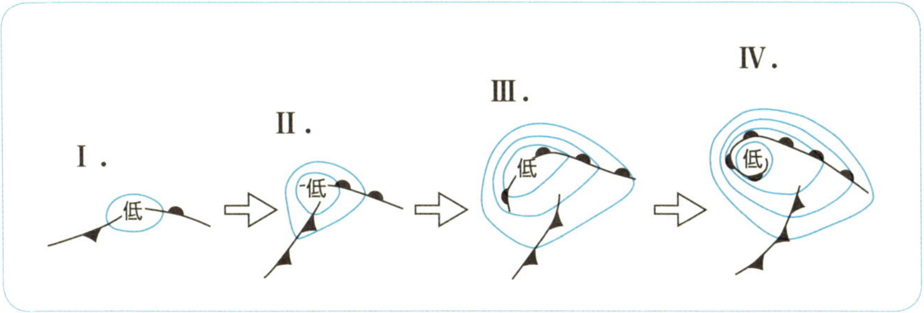

このような構造を持つ低気圧があることがわかったのは、非常に発達した低気圧が、大雪や暴風による大きな被害をもたらしたことがきっかけでした。この低気圧を調べるため、航空機や気象衛星などを用いた非常に詳しい観測が実施され、コンピュータによる詳細なシミュレーションも行われました。

現在、まだこのような前線の考え方は研究の途中ですので、気象庁が描く天気図には取り入れられていませんが、将来には、前線の描かれ方が変わったものになる可能性はあります。

POINT

- 温帯低気圧が発達して寒冷前線が温暖前線に追いついたとき、どちらか冷たい気団の上にもう一方の気団が乗り上げるが、このときの気団の境界を、閉塞前線と呼ぶ。
- 温暖前線・寒冷前線との分岐点を、閉塞点と呼ぶ。
- 閉塞点では新たに低気圧が発生し、周期化することもある。

1-9 停滞前線

前線について、温暖前線、寒冷前線、閉塞前線と見てきましたが、ここではあまり動きがない前線、停滞前線について解説します。天気において停滞前線が重要な場面を、それぞれ見ていきましょう。

低気圧に伴って描かれる場合

現在、日本の天気図において、停滞前線が天気図に描かれるのは、大きく分けて2つの場合があります。

1つは、寒冷前線や温暖前線と同じように、低気圧に伴って描かれる場合です。低気圧が発生する前には、赤道側からの暖気と極側からの寒気がぶつかります。低気圧が発生するとその中心の東側には温暖前線、西側には寒冷前線ができますが、その循環がはっきりする前には、気団の差はあるが動きがはっきりしない前線が現れます。これを停滞前線であらわす場合があります。

また、低気圧が発達すると、寒気はずっと赤道のほうまでやってきますが、ある一定以上赤道まで近づくと寒気の勢いも衰え、寒冷前線を描けるほどはっきりとした動きがなくなります。このような場合、寒冷前線に続いて停滞前線を描き、寒気の流入がそれほど強くないことを表します（図㋐）。

低気圧に伴わない場合

もう1つの停滞前線は、梅雨前線や秋雨前線など、低気圧に伴わない前線です（図㋑）。どちらも、暖かく湿った南の気団と、寒冷な北の気団との境目にできます。これは、いわば季節の境目に現れる気団ということになります。夏の気団である小笠原気団が北上する境目が梅雨前線で、その前線が日本の位置よりも北上してしまえば夏になります。一方、秋雨前線が南下し北の気団の中に入れば、日本には秋が来ます。

前線は密度の差のある気団の境目だと1-6（→p.21）で書きましたが、その密度差は通常は温度差によります。暖かい気団は密度が低く冷たい気

停滞前線の2つの場合

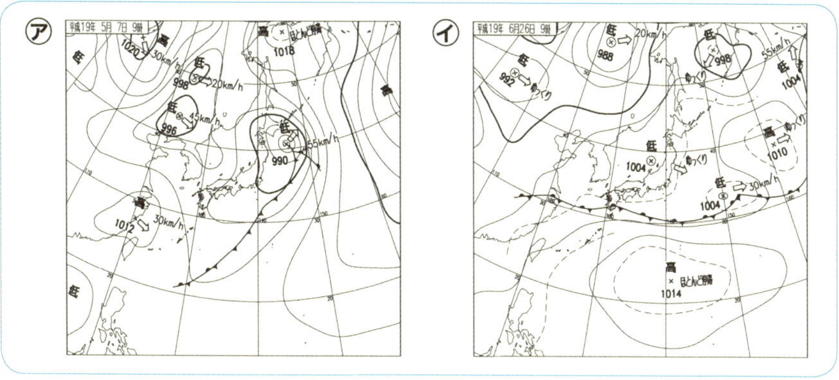

団は密度が高くなっています。ところが、梅雨前線の場合は前線の南と北ではそれほど温度差はなく、湿度の差が大きいことが特徴です。実際に観測値を見てみると、温度差はそれほどありませんが、露点の差があるためその前線の境目を見つけることができます。

また、梅雨前線の場合、北と南の気団の差による上昇流だけではなく、その境目に西から流れ込む暖かく湿った空気が重要な役目を果たしています。梅雨前線の西のほうを見ると、大陸のほうまで前線がつながっていることがあり、そこには大量に水蒸気が流れ込んでいて、積乱雲が発達しています。その水蒸気の源は南シナ海やさらにその西のインド洋ということになります。この時期、大陸はすでに暖まっているので気圧が低くなっており、アジア付近を大きく見ると、海のほうが気圧が高く、陸地が低いという気圧配置となり、海から陸地に向かって風が吹きます。これを**モンスーン（季節風）**と呼びますが、まさに梅雨前線はモンスーンによってもたらされる季節現象というわけです。

POINT

●停滞前線には大きく分けて、低気圧に伴って描かれる場合と、梅雨前線や秋雨前線など低気圧に伴わない停滞前線の、2つがある。

1-10 台風の構造

温帯低気圧は、暖かい空気と冷たい空気の差がエネルギー源となる低気圧でしたが、台風の場合、周りは暖かい空気だけでできています。ここでは台風の発生のしくみと、その構造について解説します。

台風のどこで天気が荒れるか

台風が発生する南の海は暖かくて海面水温が30度近くもあり、海面からは常に水蒸気が大量に蒸発しています。この蒸発した水蒸気が積乱雲を発生させます。積乱雲がいくつか集まると、強い上昇気流が発生しますので、それを補うために周りから空気が集まってきます。集まってきた空気は上昇します。上昇すると水蒸気が凝結しますが、この際に熱を発生します(**潜熱**)。この発生した熱がさらに上昇気流を強め、空気が上昇すると周りからさらに空気を集めます。この積乱雲の塊が何らかの原因で回転を始めると、回りながらどんどん上昇気流を強め、空気が集まる速さ、つまり風速も大きくなります。これが熱帯低気圧で、中心付近で風速34ノット(17.2m/s）以上の風が吹くと**台風**と呼ばれます。

台風は中心付近ほど暖かく、気圧も低く、気圧傾度も急になるため、中心に近いほど強い風が吹きますが、ある一定以上の風が吹くと遠心力と気圧傾度がつりあい、それより内側ではほとんど風が吹きません。これが**台風の目**です。目の外側の部分には最も発達した積乱雲があり、雲の壁のようになることから**アイ・ウォール（目の壁）**と呼ばれます。目の内側は弱い下降気流の領域になりますが、海面に近いところでは低い雲が発生していることも多く、必ずしもまったく雲がないわけではありません。

地形などの影響がない場合、雲の壁の付近が最も風速が強くなり、外側に行くにしたがって風速は弱くなります。一方、雨もこの目の壁の下で最も強くなることが多いですが、この目の壁の外側には帯状の雨雲の渦ができるので、この帯状の雲（**スパイラルバンド**）の下でも強い雨が降ります。スパイラルバンドが通過した後は晴れ上がるということもあります。

台風の構造

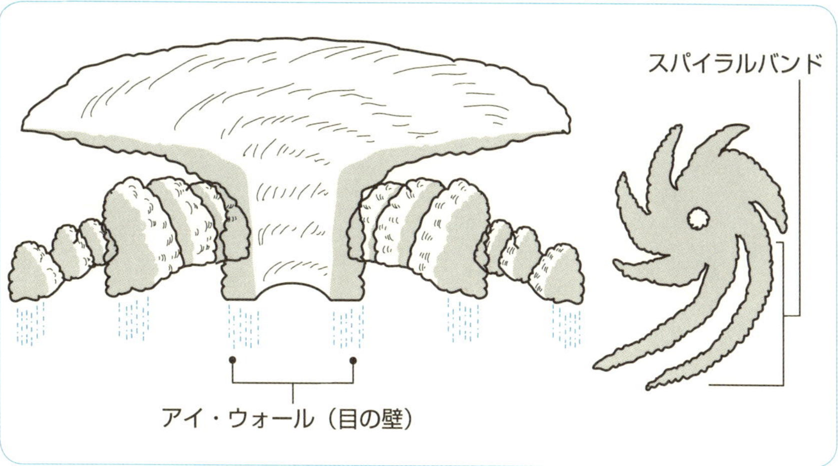

「可航半円」でも油断はできない

昭和10（1935）年、旧日本海軍が台風に突入するという今から思えば無茶な訓練を行った結果、特に台風の進行方向に向かって右側は三角波などが発生し、大きな被害が発生しました。古くから、台風の進行方向に向かって右側は、左側に比べて風速が強くなることは知られており、左側はそれほどまでひどい被害が発生しないために**可航半円**と呼ばれています。ただ、だからといって、可航半円が安全な海域ということはありません。こちら側でも暴風になるので、決して油断してはいけません。

また、日本付近に近づいてきたときには、台風の西側に寒気がやってきて、このために気圧傾度が急になり強い風が吹くことがあります。典型的な台風のパターンを覚えていて注意することは大切ですが、全ての台風が典型的なパターンでやってくるとは限りません。きちんと天気図を見て、どこの領域の風が強いのかを判断することが大切です。

POINT

- 台風は、南の海の蒸発した水蒸気から積乱雲が発生し、この積乱雲が集まってさらに上昇気流を強め、風速が大きくなることによって起こる。

1-11 台風の進路

前節では台風の構造について説明しました。ここでは台風の動き方、つまり進路について解説します。台風の進路は、高緯度ほど地球の自転が関わってくるようになります。

地球の自転も進路に影響する

温帯低気圧は北半球の大きな流れの蛇行の結果であり、いわば、大きな流れを作り出すものであるのに対し、台風は大きな流れの中にできた小さな渦であり、その動きは大きな流れに支配されます。

また、地球が自転しているために、地球上で運動する全てのものには、その運動方向を右側に向かわせる転向力（コリオリ力）が働きます。高緯度ほどこのコリオリ力が強いために、結果として回転運動をしている台風は弱い北向きの力を受けます。

緯度別における台風の動き

台風が発生するのは、おおよそ北緯10～20度付近の低緯度ですが、この付近では北東貿易風と呼ばれる東風が吹いています。このため、台風は東から西に流されます。また、緯度の違いによるコリオリ力の差により北向きの力を受けますので、結果として西北西に進むことになります。

西北西に進んだ台風がそのまま中国大陸に上陸すると、台風への海面からの水蒸気の補給がなくなるので、台風は急激に弱まり、（弱い）熱帯低気圧へ変化した後に消滅します。

実際には、高気圧と高気圧の間を抜けたり、真夏には貿易風の弱い領域を進むために、まっすぐ北に進んだり、北にある高気圧に行く手を阻まれて動きが止まったり、ぐるっと一回転したりすることもあります。このような台風を「迷走台風」と呼んだりしますが、決して迷っているわけではなく、常に物理法則にしたがって動いているのです。

低緯度から西北西に進んできた台風が、中国大陸に上陸する前に偏西風

台風の進路の例（5月と10月、1971～2000年）

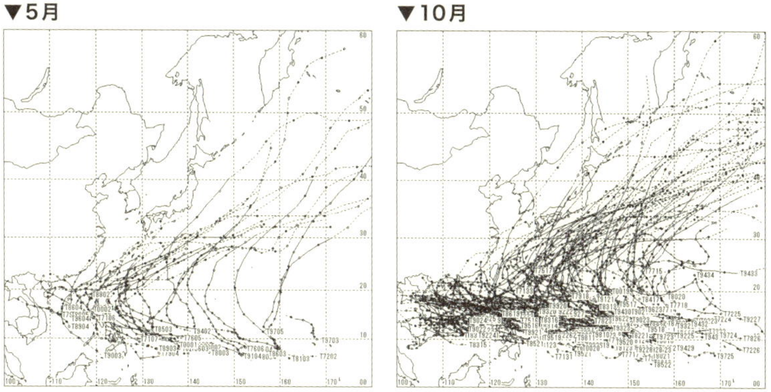

に出会うと、今度は偏西風に流されます。コリオリ力の差によって北向きの力を受けていることもありますが、日本付近の偏西風は、東にある太平洋高気圧の影響で南西から北東の向きに流れていることが多く、結果として台風は北東へ進むことになります。進路を西北西から北東に変えることを**転向**と呼びます。北東貿易風に比べて、偏西風は風速が早いため、転向してからの台風は速度を上げて進むことが多くなります。

偏西風の流れの北側には寒気がある場合、その寒気を台風が引き込むために、周り全てが暖かい台風から、寒気と暖気の境目で発達する低気圧に変質する**台風の温帯低気圧化**が始まります。このときには、上空の気圧の谷に巻き込まれる形になるために、スピードを上げていた台風が一時的にぐっとスピードを落とすことがあります。

温帯低気圧化は、台風がエネルギー源を暖かい海水面から、暖気と寒気の温度差に変えることであり､それだけでは衰弱することを意味しません。むしろ温帯低気圧に変わることで強風の範囲が広がったり、風速が強くなることもあるので注意が必要です。

POINT

● 台風の進路は､緯度ごとの大きな気流の流れの影響が大きい。

1-12 気圧の谷・尾根

天気図を地形図に見立てた、気圧の谷・尾根という用語がよく使われます。これらの用語の意味をしっかり覚えておきましょう。

気圧の谷・尾根

天気図の等圧線を等高度線に見立てると、それは気圧の高さを標高に置き換えた地図のように見えます。高気圧が高い山、低気圧が低いくぼ地です。

地図で、山の稜線を結んだものを尾根と呼び、稜線と稜線の間の低いところを谷と呼ぶように、気圧の高いところを結んだ線を気圧の尾根、気圧の低いところを結んだ線を気圧の谷と呼びます。

低気圧や前線付近で雲が発生することは前に書きましたが、それらを含んだ大きな気圧の谷が近づいてきた場合、その雲の範囲が広がります。そのため全国的に悪天となる上に、低気圧も発達し、強い雨・風を伴うことが多いので、注意が必要です。

気圧の谷・尾根の概念図

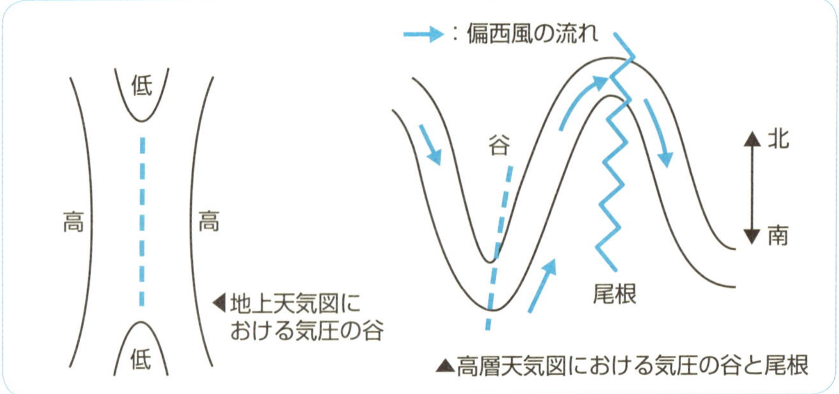

◀地上天気図における気圧の谷

▲高層天気図における気圧の谷と尾根

POINT

- 気圧の低いところを結んだ線を気圧の谷、高いところを結んだ線を気圧の尾根、と呼ぶ。

1-13 可視画像と赤外画像

同じ気象衛星画像でも、可視画像と赤外画像では、その見え方に違いがあります。ここではそれぞれの画像の性質と、どういう用途に適しているか、を解説します。

人間の目で見た状態の「可視画像」

まずは次ページの気象衛星画像を見てください。2枚の違いがわかりますか？　まず、下の写真では地球全体が写っているのに対し、上は右半分が暗くなっていることに気がつきます。

上の写真は、いわゆる白黒写真と同じで、目で見て白いところは白く、黒いところは黒く写っています。太陽が当たっていない地域は、真っ暗ですから黒く写っているというわけです。この画像を人の目で見た状態と同じということで**可視画像**と呼びます。

雲は白いですから、ほとんどの白い部分は雲です。真っ白な雲ほど厚みがあり、雨の降りやすい雲であることがわかります。中には、霧のところもありますが、見かけ上は同じ白い雲のようなものとして見えますので、低い層雲と区別はつきません。また、大陸などの大きな山脈では雪が積もっているので、それも白く見えます。気象衛星画像が入手できるようになった最初の頃は、予報官が「いつまでも動かない雲だな」と思っていたら雪だったということもあったそうです。

また、海の上の流氷（海氷）も白いので写ります。ただし、上に雲があると雲しか見えませんので、そのときは流氷の状態はわかりません。

空間分解能（見分けられる物体の大きさ）は、現在使われている「ひまわり6号」では、赤道付近で1kmです。

物体から出る赤外線をとらえる「赤外画像」

下の写真は、温度の低いところが白く、温度の高いところは黒く写る写真です。物体の温度がわかる赤外線をとらえているために**赤外（線）画像**

２種類の気象衛星画像、可視画像（上）と赤外画像（下）

可視画像では太陽の当たっていない地域が黒く写る

赤外画像では温度の低いところが白く写る

と呼びます。宇宙空間は温度が低いので白く写りますが、前ページの写真はそれを黒く加工しています。真っ白な雲は温度の低いところにある雲ですが、積乱雲のように厚みのある雲か薄い巻雲であるかは、色だけではわかりません。また、海面すれすれにある霧は、海の温度とほとんど違いがないため、はっきりしません。この特性を利用し、可視画像と赤外画像を比較することで、霧がどこにあるかを見分けることができます。

温度を見ているので、冬になると温度の下がる陸上は白っぽく写ります、一方、夏は黒く移るので、温度の高いほうの階調を強調しないと海と陸の区別ははっきりしません。温度の高いほうの階調をはっきりさせると、海面の温度の差（潮目）を知ることもできます。

空間分解能は赤道付近で4kmです。

2種類の画像を使う理由

空間分解能は可視画像のほうが高いのに、なぜ赤外画像が必要なのでしょう。それは、1つには、上で説明したように、2つの画像を比較することによって、雲の種類を見分けるなどの使い方ができるためです。

しかし、それよりも大きな理由があります。可視画像は人の目で見た様子と同じということで、夜は真っ暗で写りません。一方、赤外画像は温度を見ているわけですから、夜になっても温度の低い上空の雲は白く、陸地や海は黒く写ります。現在、テレビなどで、連続的に雲が動く様子などを放送しますが、これには、夜の画像があることが必須ですので、赤外画像が使われています。

POINT

- 気象衛星画像では、可視画像と赤外画像がその目的によって使い分けられている。
- 可視画像は人間の目で見た状態、赤外画像は温度の低いところが白く写る状態となる。

1-14 ジェット気流

地上から高度約11kmまでの大気の層である対流圏の上部では、気温・気圧の関係で、いつも西風が吹いています。この風は、低気圧や高気圧などを東へ移動させる大きな流れです。

対流圏の上部における強い西風、ジェット気流

対流圏の上部では、極付近は気温は低いために気圧が低く、赤道付近は気温が高いために気圧が高くなっています。このため、上空では常に西風が吹いています。これが**偏西風**です。特に南北の温度差が大きい中緯度においては、結果として気圧傾度が急になり、非常に強い風が吹きます。これを**ジェット気流**と呼びます。

ジェット気流は温度差の大きくなる冬のほうが夏よりも強く、強いところでは風速100m/sを超えることもあります。

衛星画像を見ると、温帯低気圧の北側などに、刷毛で掃いたような真っ白な雲が現れることがあります。これはジェット気流に伴って現れる、ジェット巻雲と呼ばれる雲です。上空だけの雲なので、雨を降らせることはありません。地上からこの雲を見ると薄いベールのように見えて、日暈《にちうん》などのきれいな大気現象が現れることがあります。

一方、非常に強い風が吹いているため、雲がないのにジェット気流の付近で流れが乱れる場合があります。これを晴天乱気流と呼びます。この乱気流に飛行機が巻き込まれると、機体が大きく上下するため、大変危険です。姿が見えないので予想も難しく、日本付近でも1年間に数回は被害が出ています。

POINT

- 対流圏の上部ではいつも西風が吹いているが、特に温度傾度が急な中緯度では非常に強い風が吹いており、これをジェット気流という。

1-15 大気の温度と湿度の変化

天気を理解するのに、大気の温度と湿度の関係をつかんでおくことは不可欠です。ここでは、基本的な知識を確認しておきましょう。中学校の理科で習ったことを思い出しながら読んでください。

大気の状態

大気は太陽の光が直接当たって温まるのではなく、太陽の光がまずは地表を温め、その地表の熱が大気を温めます。一方、気圧とはその場所の上にある大気の重さですから、上空へ行けば行くほど気圧は下がります。布団をたくさんかけると下のほうほど重たく感じるのと同じです。気体は、同じ体積であれば気圧が下がると温度も下がる性質がありますから、上空へ行けば行くほど温度が下がるということになります。

一般に100m上がるごとに約0.6度下がると言われますが、これは平均的な状態であって、実際にはその日によって差があります。

なお、山の上が寒いのはこのように上空へ行けば温度が下がるためですが、実際の山では、日中日差しがある場合は山肌が温められるため、山から離れた場所よりも温度が高めになります。

温度変化と湿度

大気中に含むことのできる水蒸気の量は、温度によって決まっていて、温度が高いほど多くの水蒸気量を含むことができ、その量を**飽和水蒸気量**と呼びます。**湿度**は、その大気の温度における飽和水蒸気量と実際の水蒸気量の比を表したものです。湿度が100%でない乾いた空気でも、温度を下げていくと飽和水蒸気量が減る（含むことのできる水蒸気量が減る）ために、水蒸気量が変わらなくても湿度は上がり、飽和水蒸気量と実際の水蒸気量が一致すると湿度100%になります。この大気の温度をさらに下げると、大気に含まれることができなくなった水蒸気は、水滴になって出てきます。この状態を**凝結**と呼びます。冷えた水を入れたコップを机の上においておくと、コップの表面に水滴がつきますが、この水滴はコップの周りの空気が冷やされて水蒸気が凝結したものです。

実際の大気では、水蒸気量の多いところや少ないところがまだらに存在しています。

温度減率

地上の空気を上空へ持ち上げる場合は、上空は気圧が低いので空気は膨張しながら温度が下がりますが、その下がる割合は周りの気圧によって決まっています。持ち上げる空気の中の水蒸気の量が変化しないとすると、温度は下がるために湿度は上がります。さらに温度を下げると、ついには水蒸気が凝結します。この瞬間の高度を**持ち上げ凝結高度**と呼び、それまでの温度の下がる割合を**乾燥断熱減率**と呼びます。その間は100m持ち上げるごとに約1度温度が下がります。水蒸気が凝結してもさらに空気を持ち上げると、水蒸気が凝結する際に熱を発生するために、温度の下がる程度は小さくなります。このときの温度の下がる割合を**湿潤断熱減率**と呼び、100m持ち上げるごとに約0.5度下がります。

結果として、地表付近の空気を持ち上げると、まずは乾燥断熱減率で気温が下がり、凝結して雲が発生する高さを超えると湿潤断熱減率で気温が下がることになります。

POINT

- 大気は基本的に、上空へ行けば行くほど気圧は下がり、上空へ行けば行くほど温度が下がる。
- 大気中に含むことのできる水蒸気の量は、温度によって決まっている。
- 地上の空気を上空へ持ち上げていくと、水蒸気が凝結する時点までと、それ以降で、温度の下がり方が変化する。

1-16 大気の安定・不安定

よく気象情報番組などで、気象キャスターが「今日は大気の状態が不安定なため、雷雨になるでしょう」などと解説しています。そもそも「大気の状態が不安定」とはどういうことなのでしょうか？

何が安定・不安定？

普段でも私たちは「脚立を安定させる」とか「下半身が安定している」などという表現を使い、動かないことが「安定である」というイメージをなんとなく持ってます。しかし、物理学的には「安定」とは物が止まっているということではなく、少し動かしても元に戻ることを指します。

下の図では、どちらもボールは止まっていますが、このボールを左右どちらかに少し動かすと、ボールはどうなるでしょうか。下図のボールは少し動かしても、元の場所に戻ってくるのに対し、上図のボールは少し動か

「安定・不安定」の意味

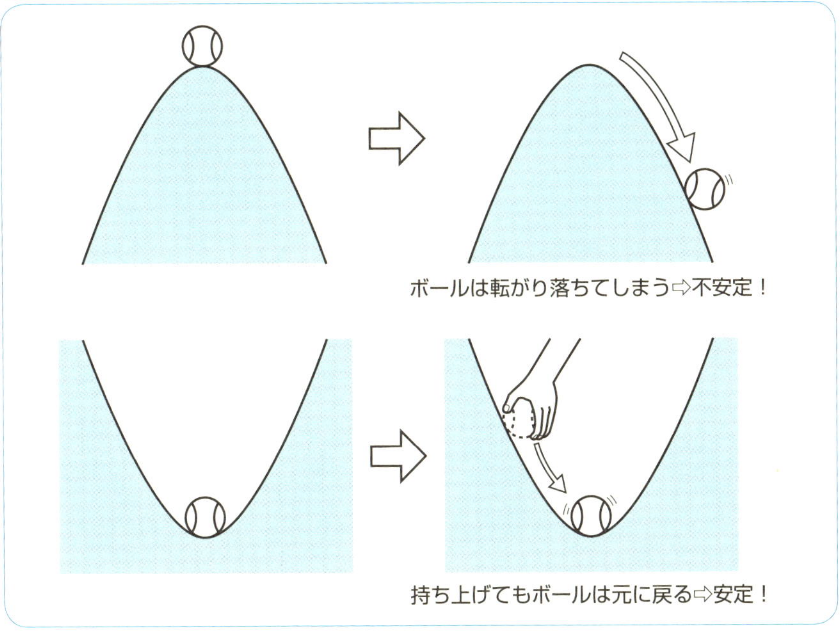
ボールは転がり落ちてしまう⇨不安定！
持ち上げてもボールは元に戻る⇨安定！

しただけでも坂を転がり落ちていってしまいます。このような下図のような状態を**安定**、上図のような状態を**不安定**といいます。起き上がりこぼしはゆらゆら揺れますが、倒しても必ず元に戻ろうとしますから、安定ということになります。

上空の温度の傾きが安定・不安定のカギを握っている

前節で書いたとおり、地上の空気を上空へ持ち上げる場合は、上空は気圧が低いので空気は膨張しながら、持ち上げ凝結高度までは、乾燥断熱減率で、持ち上げ凝結高度に達してからは湿潤断熱減率で温度が下がります。

次ページの図のような温度状態の大気があった場合、A点から空気を持ち上げると乾燥断熱減率と湿潤断熱減率にしたがって温度変化し、B点に達します。右の場合、この場所では、持ち上げた空気は周りよりも常に温度が低くなります。周りよりも温度が低い空気は重たいので、下に沈もうとします。つまり、空気は元に戻ろうとする力が働きますから、大気の状態は「安定」ということになります。

一方、左の場合には、持ち上げた空気は周りよりも温度が高くなります。周りよりも温度が高い空気は軽いので、さらに上昇しようとします。つまり、空気にはさらに移動しようとする力が働きますから、大気の状態は不安定ということになります。

左右の状態を比べてみると、持ち上げる空気は同じ断熱減率で温度変化しますが、右は大気の状態を示す温度線の傾きが立っているのに対し、左は温度線の傾きが寝ています。傾きが寝ているということは、下層のほうがより温度が高く、上層のほうがより温度が低いということを意味します。つまり、下層に暖かい空気が流れ込むか、上層に冷たい空気が流れ込む、もしくはその両者が同時に起こったときに大気の状態が不安定になるということになります。

夏の暑い日に「大気の状態が不安定」という場合は、しばしば夏の日差しで地面が温められて不安定になる場合が多く、夕立もこれが原因です。一方、秋に雷雨が発生する場合、上空に冷たい空気が入って不安定になることが多くなります。

また、右と左の図を比べると、凝結が始まる高さが違うのがわかります。

安定・不安定における温度変化の比較

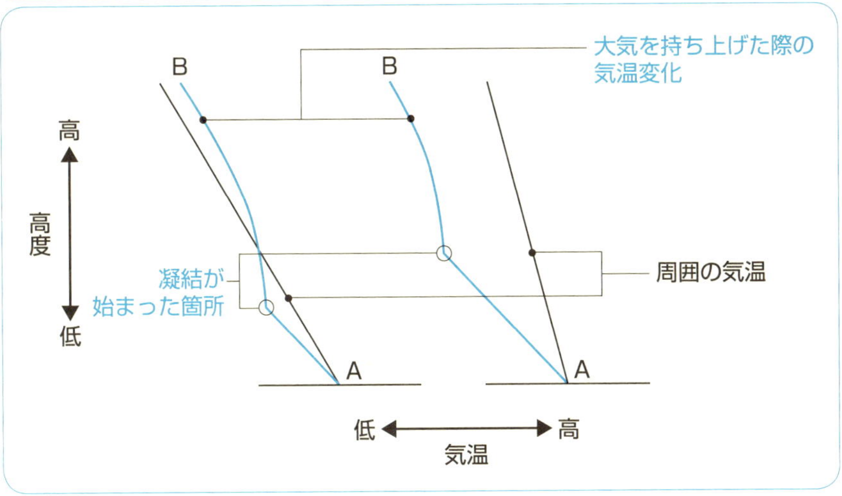

左のほうが低い場所で凝結が始まっているということは、左のほうが下層の大気が湿っているということを示しています。下層の大気を持ち上げた場合、それが湿っているほど下層で凝結し、その後は湿潤断熱減率で大気の温度が下がります。湿潤断熱減率は乾燥断熱減率よりも小さいため、上空へ持ち上げてもあまり気温が下がりません。このために周りよりも温度が高くなり、不安定になるというわけです。

梅雨の季節に前線の南側に入り込む空気は非常に湿っているので、大気の状態が不安定になります。このために、積乱雲が発生して大雨になるというわけです。

POINT

- 「安定」とは物が止まっているということではなく、少し動かしても元に戻ることを指す。
- 空気を持ち上げた場合に、元に戻ろうとすれば、大気の状態は安定である。実際に戻るかどうかは、断熱減率が関わってくる。

column

コラム

台風予報の表示方法の変更

私が子供の頃、テレビや新聞で台風予報を放送するときに使われていたのは「扇形表示」でした。これは、台風の進む方向の範囲を示し、ある時間にはどの程度まで進んでいるかを示す方法で、進行方向の誤差は表すことができましたが、進行速度の誤差はまったく表現していませんでした。台風が季節風に流されて北西に進む場合、進行方向の誤差は少なくても、達する位置の誤差はかなり大きくなります。このため、進行方向の幅の誤差だけではなく、達する位置の誤差まで表すように考えられたのが「予報円」です。当初は台風の中心位置が入る確率を60%とする予報円が、昭和57（1982）年6月から使われるようになりました。

ところが、この予報円を使い始めた最初の台風5号の予報では、三陸沖に進んだ台風が東に進むと予報したのですが、実際には真っ直ぐ北上し、わざわざそれを避けるために東海上から陸地に向かって避難してきた漁船の遭難を招くという結果になってしまいました。さらに、その後の昭和60（1985）年8月、台風13号が九州の西を通過したときに、台風の到来がまだと判断した漁船が有明海で大量に遭難し、大きな社会問題となりました。このときの予報を検証してみると、実際の位置は最も北側の端ではあったものの、予報円の内側に入っていました。しかし、台風の暴風域はさらにその外側にあることから、有明海では台風がまだ来てはいなかったものの波が高くなっていたのでした。

この事例の反省を元に、予報円の外側にさらに「暴風警戒域」を表示するとともに、台風予報円の中心に必ずしも進むわけではないことから、予報円の中心にマークを表示しないといった改善を昭和61（1986）年6月に行いました。

この表示方法は20年使われ定着しましたが、予報の対象時間間隔が12時間もしくは24時間であるために、進行方向が大きく変化するときに直角に曲がるように見えるという不都合がありました。これを直すためには予報対象時間の間隔を短くするとよいわけですが、そうすると今度は予報円や暴風警戒域が重なって見づらくなります。

このような点を受けて平成19（2007）年の台風シーズンから、台風の表示方法を変更しました。その主な内容は次のとおりです。

(1) 予報円と暴風警戒域の円が重なるなどして見えにくい場合は、一部予報時刻の表示を省略できる。

(2) これら円がさらに重なり見えにくい場合は、暴風警戒域の円の表示に代えて接線で表示できる。

(3) 付加的情報として、予報円の中心点、線を表示できる。

(4) 台風時における細かな防災対応判断を支援する情報として「暴風域に入る確率の面的情報」を台風予報の図表示に加えて表示できる。

結果として、今のところ(4)は放送局はほとんど使っていないようです。(1)と（2）は使っています。これはコンピュータグラフィックスが進んだ成果でしょう。以前のように、気象庁の講堂からボードを使って説明するような時代ではこのような表現はできません。(3）は、一度は昭和61年に誤解を生むとしてやめた表示の復活ですが、当時と違うのは予報の精度がかなり高くなっていることです。昭和61年当時は、予報円の中に入る確率は60%と低いものでしたし、その位置は必ずしも中心付近ではありませんでした。現在では予報円の中に入る確率は70%で、さらにその予報円の半径は年々小さくなっています。そうすると、中心付近が最も確からしい予想位置として表示したほうが、防災対策に有効に活用されることが期待できます。

予報技術や放送技術の進展に伴い、誤解のないように見やすいようにと変化してきた台風予報の表示方法は、これからも変化していくことでしょう。

確認テスト　寒冷前線とそれに伴う現象

問題 寒冷前線とそれに伴う現象について述べた次の文章の下線部(a)～（d）の正誤について、下記の①～⑤の中から正しいものを1つ選べ。

前線は密度の異なる気団の境界に形成されるが、寒気側から暖気側の方向に移動する前線を寒冷前線という。寒冷前線がある地点を通過する場合、一般にその地点では（a）風向は時計回りに変化し、気温や露点温度が急下降し、(b）気圧は上昇するが、山岳などの影響によりまれには気温が上昇したり変化がはっきりしないことがある。寒冷前線に伴う悪天域は（c）温暖前線のそれに比べて幅が広いことが多く、積乱雲が発生して雷や突風などの現象を伴うことがある。また、前線から離れた暖域においても、(d）積乱雲が発生し大雨を降らせることがある。

① （a）のみ誤り
② （b）のみ誤り
③ （c）のみ誤り
④ （d）のみ誤り
⑤すべて正しい

【第15回（平成12年度第2回）専門・問7】

答えは➡P.195

第2章

季節に典型的な天気図を攻略

気圧配置と天気の関係

天気図は毎日変化し、人の指紋と同じように全く同じ天気図はないと言われます。それでも、季節ごとに同じような気圧配置が現れ、その時には同じような天気になります。季節に対応した典型的な気圧配置を知っておくと、天気図を見ただけでどのような天気になるのかがわかります。

この章では15種類の典型的な天気図をお見せしながら、このような気圧配置の時にはどのような天気になるのか、また、それはなぜなのかを説明しています。単に天気図と天気の関係を覚えるのではなく、そこにどのような現象が発生しているのかということを知ってください。それが、見たこともない天気図が出てきた時にも天気がわかる力を付けることにつながります。

2-1 冬型の気圧配置

ここからは季節ごとに見られる典型的な天気図を取り上げ、それぞれ細かく解説を加えていきます。一番最初は「西高東低」の文句でよく知られている、冬型の気圧配置です。

西高東低といえば冬型

冬の期間、日本付近を低気圧が通過したあと、しばしば図のような気圧配置になります。東に低気圧、西に高気圧があるために、気圧配置は日本の西が高く東が低い**西高東低**と呼ばれる、いわゆる**冬型の気圧配置**です。

風は、上空ではほぼ等圧線に沿って風が吹きますが、地上付近では地表との摩擦の影響で、等圧線と平行ではなく、やや気圧の低いほうに向かって吹くので、日本海では北西〜西の風向になります。日本の東に進んだ低気圧が発達するほど、または大陸の高気圧が強いほど、等圧線の間隔は狭くなり、気圧の傾きが急になるので、強い風が吹きます。

冬に限らず、低気圧の後ろ側には冷たい空気がやってきます。日本の西には大陸があり、陸地は海よりも冷えやすいため、冬になると大陸で非常に冷やされて乾いた空気が日本海にやってくることになります。これは冬の間の特徴的な風なので、「冬の季節風」と呼ぶこともあります。

海が雪を生む

本来、冷たく乾いた空気は晴天をもたらします。このため、春から秋の初めにかけてであれば、低気圧が通り過ぎると晴れます。気圧の変化傾向で天気を予想する気圧計などがありますが、この機械は気圧が上がってくると高気圧が近づいてくると判断しますから、予報は「晴れ」と出ます。

ところが、冬の間は低気圧が通り過ぎて気圧が上がってきても、日本海側では雪が降ります。これは、海水温は気温よりもずっと高いために、冷たく乾いた空気が日本海に入ると、暖かい海から熱と水蒸気を補給され、大気の状態が不安定となり、積雲や積乱雲が発生するためです。

冬型の気圧配置の天気図と衛星画像

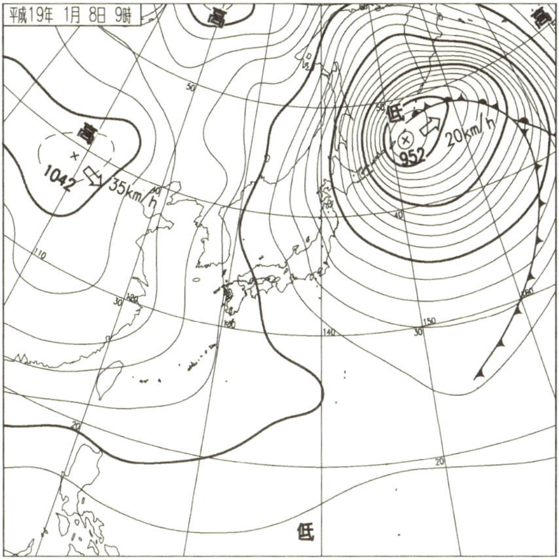

日本の西に高気圧、東に低気圧がある「西高東低」

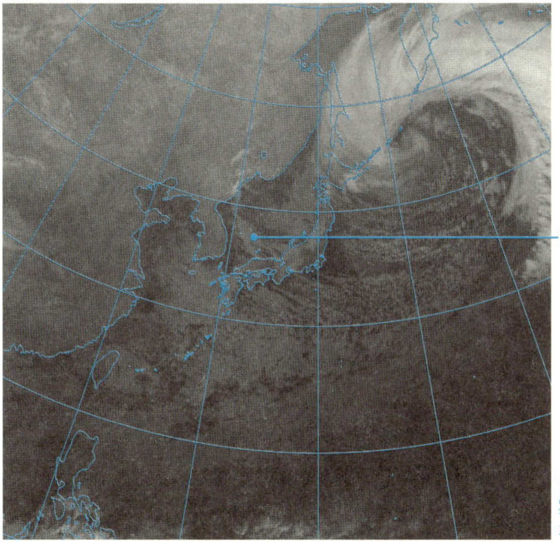

日本海帯状収束雲

日本海は筋状の積雲や積乱雲に覆われる（赤外画像）

大気と海面水温の差が大きいほど、また、風が強いほど、より多くの熱と水蒸気が補給されるので、強い寒気が来て強い冬型の気圧配置になるほど日本海側では大雪になります。大きな大陸の東に、ある程度広い海を隔てて島があるという日本の地勢は全くの偶然の産物ですが、このような独特の位置関係が、世界でも例を見ない、低い緯度の地域での大雪をもたらしているのです。もし、日本海に大きなふたをしてしまったら、冷たい空気はそのまま日本にやってきて、今のように大雪が降ることはないでしょう。

日本海帯状収束雲

冬型の気圧配置になると、前ページの衛星画像のように日本海は筋状になった積雲や積乱雲で覆われますが、日本海の中央部に背の高く真っ白な雲の帯が見られることがあります。この雲の帯を**日本海帯状収束雲**と呼び、この雲が北陸地方にかかると、そこでは大雪が降ります。

この雲の風上側を見ると、朝鮮半島の北から雲の帯が伸びているのがわかります。ここには長白山脈があり、この山脈を回り込んだ空気の流れが収束するために、帯状収束雲が発生すると考えられています。また、帯状収束雲をよく見ると、その中に小さな渦がたくさん並んで発生していることがあります。この渦が北陸地方にやってくると、そのたびにその一つひとつが強い降雪をもたらすというわけです。

POINT

- 冬の期間はしばしば、日本の西が高く東が低い「西高東低」と呼ばれる気圧配置になる。
- 日本海の中央部に現れる背の高く真っ白な雲の帯を、日本海帯状収束雲と呼し、北陸地方に大雪をもたらす。

2-2 春一番

「春一番」と聞くとキャンディーズの歌を思い出してしまうためか、優しく明るいイメージでこの言葉をとらえている人が多いようです。しかし語源をたどると、天災を警戒したものらしいということがわかります。

春の初めの風に注意

春一番の言葉の語源には諸説ありますが、史実の一つに、安政5（1859）年に長崎県の多くの漁師がこの風で遭難したことから、春の初めの強い南風を警戒するために「春一」と呼び始めた、というものがあります。そのために気象関係者は、風に対する注意を呼びかけるために、この言葉を使うことが多くなっています。

気象庁では「立春から春分までの間に、広い範囲（地方予報区くらい）で初めて吹く、暖かく（やや）強い南よりの風」と定義しています。具体的には、基準を決めて、この基準を満たした場合「春一番が吹きました」と発表します。その基準とは、①期間は立春から春分までのあいだ、②日本海に低気圧がある、③強い南寄りの風（風向は東南東から西南西まで、風速8m/s以上）、④気温が上昇する、の四つです。

南風の強風

次ページの図は、典型的な春一番の吹いた、平成19（2007）年2月14日の天気図です。冬の間は、北からの寒気に押されて低気圧は日本の南を通り過ぎることが多いですが、2月ころになると寒気も緩んできて、日本の上や日本の北、つまり日本海を低気圧が通過するようになってきます。

低気圧が日本海で発達すると、太平洋側では強い風が吹きます。特に関東地方は南に開けていて、南西の風が吹き抜けることができる地形になっているので、強く吹きます。

天気図の下は、この日の羽田の風の変化です。温暖前線が通り過ぎる午後1時までは、弱い北よりの風が吹いていましたが、温暖前線が通過した

春一番の天気図と、その衛星画像

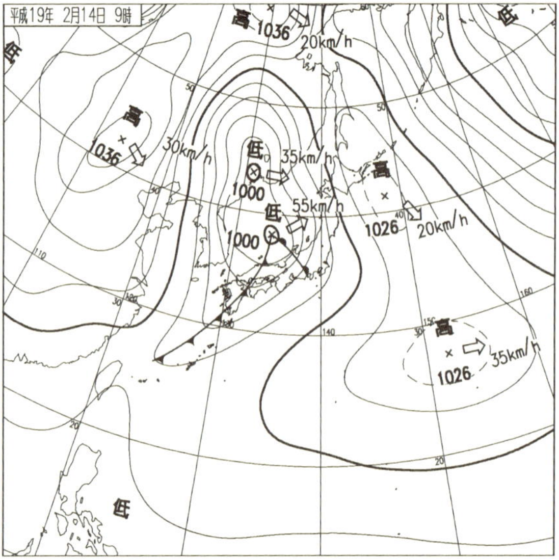

▼この日の羽田の風の変化（旗矢羽10m/s、長矢羽2m/s、短矢羽1m/s）

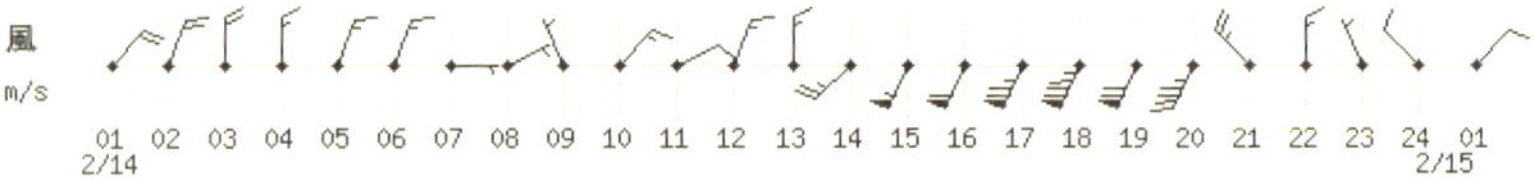

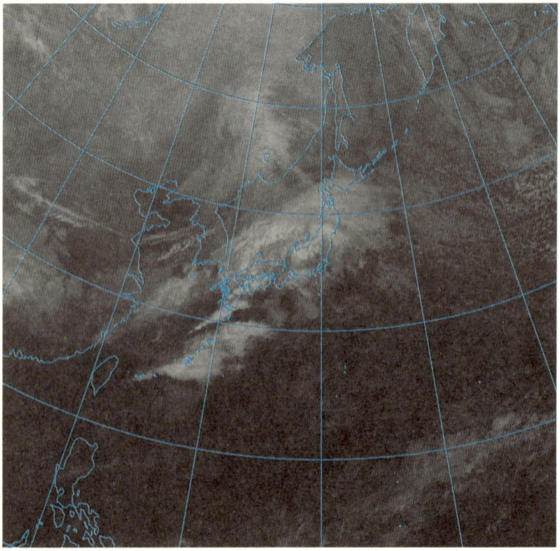

（赤外画像）

後は南西～南南西の風に変わり、午後6時には17m/sの強い風が吹きました。また、気温も1時間で5度以上も上がったので、前述した基準は全て満たしています。この日、羽田空港では雷雲が近づいたこともあり、航空機の運行に影響が出ました。

一難去っても

春一番が怖いのは、南からの強風だけではありません。2月といえば、一時期よりは弱まったとはいえ、まだ大陸には寒気があります。春一番の低気圧が発達しながら通り過ぎた後は、今度は寒気が入ってきて、強い冬型の気圧配置になることが多いのです。

そうすると、今度は強い北よりの風が吹くことになります。強い南風に備えて漁師達が島の北側に避難していたとしたら、今度はまともに強風を受けることになってしまいます。長崎県での遭難は、このような状況だったのかもしれません。

ちなみに、春一番があるのですから、春二番、春三番もあります。前に書いたように日本海を低気圧が発達しながら通れば、同じように強風が吹くので、それを二番、三番と呼べばいいのですが、マスコミは二番目以降は取り上げてくれないようで、気象庁も発表しません。それでも、このような気圧配置を繰り返しているうちに、次第に春がやってくるというわけです。

POINT

- 春一番の基準は、①期間は立春から春分までのあいだ、②日本海に低気圧がある、③強い南寄りの風（風向は東南東から西南西まで、風速8m/s以上）、④気温が上昇する、の4つ。
- 春一番だけではなく、その後に続く北よりの強風にも十分に注意が必要。

2-3 メイストーム

ゴールデンウィークには、本州では高気圧に覆われれば絶好の行楽日和になりますが、まだ、南からの暖かい空気と北からの寒気がぶつかり合うこともある季節です。そのようなときには低気圧が急速に発達します。

発達した低気圧には常に注意を

5月の嵐を**メイストーム**を呼ぶことがありますが、5月に限って必ず低気圧が発達するというわけではありません。また、特に、日本付近にある低気圧の中心気圧が24時間で20hPaも下がるような低気圧のことを**爆弾低気圧**と呼びます。このような低気圧が通過するときには、非常に強い風が各地で観測されるほか、山間部や北日本では雪が降ることもあり、行楽には十分な注意が必要です。

それではここでは、発達する低気圧に伴って、雲の形はどのように変化するか解説していきます（2ページ後ろの図も参照）。

発生期

南西諸島付近に停滞前線が発生し、まだ低気圧の閉じた等圧線はありません。雲は東西に延びていますが、発達する低気圧の場合、南北にも幅があり、北の縁はジェット気流によって流された巻雲に覆われています。

発達期

低気圧が発生したことを示すように、閉じた等圧線が描かれ、低気圧の中心の東側には温暖前線、中心の西側には寒冷前線が描かれます。これは、低気圧の前には南からの暖かく湿った空気が流れ込み、後ろ側には北からの冷たく乾いた空気が流れ込んでいることを示しています。

寒冷前線の北側には雲のない領域が広がりますが、前線の南側と低気圧中心の東側には雲が多く、北側に大きく膨らんできます。これは上空の気圧の谷が深まっていることを示します。

メイストーム時の天気図と、その衛星画像

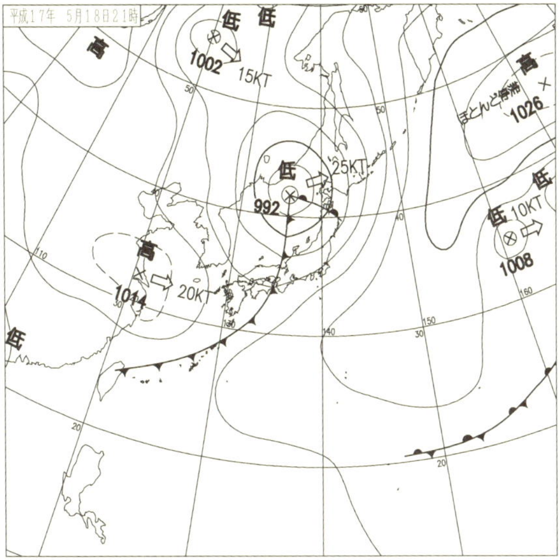

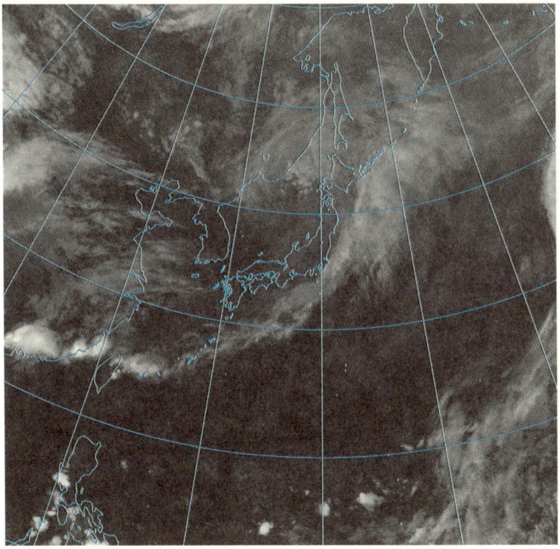

この低気圧は発達期と最盛期の中間にある（赤外画像）

最盛期

低気圧の中心気圧はさらに下がります。寒気が北から落ち込んできたことを示すように、寒冷前線は南北に立ってきます。暖気よりも寒気の進み方が速いため、低気圧の中心付近では前線が閉塞を始めます。雲の形は、

低気圧の発達と雲の分布

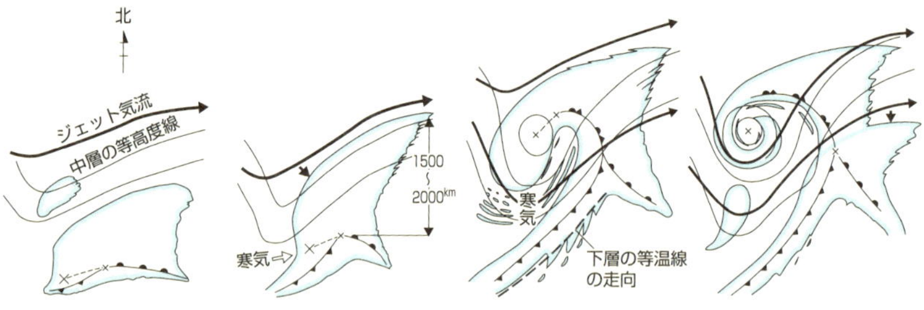

（Ⅰ）発　生　期　　（Ⅱ）発　達　期　　（Ⅲ）最　盛　期　　（Ⅳ）衰　弱　期

風が巻き込んでいることを示すように「フック状」の形になります。また、寒冷前線の西側には冷たく乾燥した領域が広がっていることを示すように、境界線がはっきりとし、その西側には雲はほとんどありません。

一方、寒冷前線と温暖前線に挟まれた領域では、暖かく湿った強い風が吹き、大気の状態が不安定となるため、発達した積乱雲などが見られます。短時間に強い雨が観測されるのはここの領域です。

衰弱期

前線が閉塞してからも、しばらくは低気圧の中心気圧は下がりますが、閉塞前線が中心から離れると、低気圧中心が寒気に覆われたことになるので、発達は止まります。乾いた冷たい空気が中心まで達したことを示すように、中心付近では雲が渦を巻きます。

POINT

- 5月に、南からの暖かい空気と北からの寒気がぶつかり合い低気圧が発達して起こる嵐を、メイストームを呼ぶ。

2-4 梅雨

春から夏へ移る前に日本付近には前線が停滞して、雨や曇りの日が続く時期があります。じめじめと憂鬱な、梅雨の到来です。

梅雨入りの発表

気象庁は昭和61（1986）年から毎年、梅雨入りを公式に発表しています。梅雨が季節の一つである以上、ある日から突然夏になるわけではないのと同じように、梅雨もその発表の日からきっちりと梅雨になるわけではありません。また、一週間程度先までの天気の推移を予想した結果、発表するものなので、その予想が外れた場合、梅雨入りを発表してもなかなか雨が降らないということもあります。

例年9月頃に、その年の梅雨の期間が、実際にはいつからいつまでだったのかを検証して発表しますが、ある日の天気予報を後になって訂正することがないように、梅雨入りの発表も訂正されることはありません。

梅雨前線は湿度差前線

次ページの天気図が、典型的な梅雨の気圧配置です。中国から東シナ海を通って九州北部、さらに四国を通って関東の南まで前線が停滞しています。前線の北側には比較的乾燥した気団の高気圧、南側には湿った気団の太平洋高気圧があり、この二つの気団の差が前線を作ります。このため、例えば寒冷前線や温暖前線は、気温の差に着目するとどこにあるかわかりますが、梅雨前線では両側の気温の差はそれほど大きくなく、湿度の差に着目するとわかる場合があります。

下の図は、上の天気図の日の九州北部付近を拡大したものです。図には、観測地点の風向風速と気温、そして、露点温度が示されています。

露点温度とは、水蒸気を含む空気を冷却したとき、凝結が始まる温度で、湿度が高いほど気温の値に近くなります（湿度100％のときは気温＝露点）。図を見ると、前線の南側と北側でもそれほど気温に差がありません。一方、

梅雨の天気図と、九州北部付近を拡大したもの

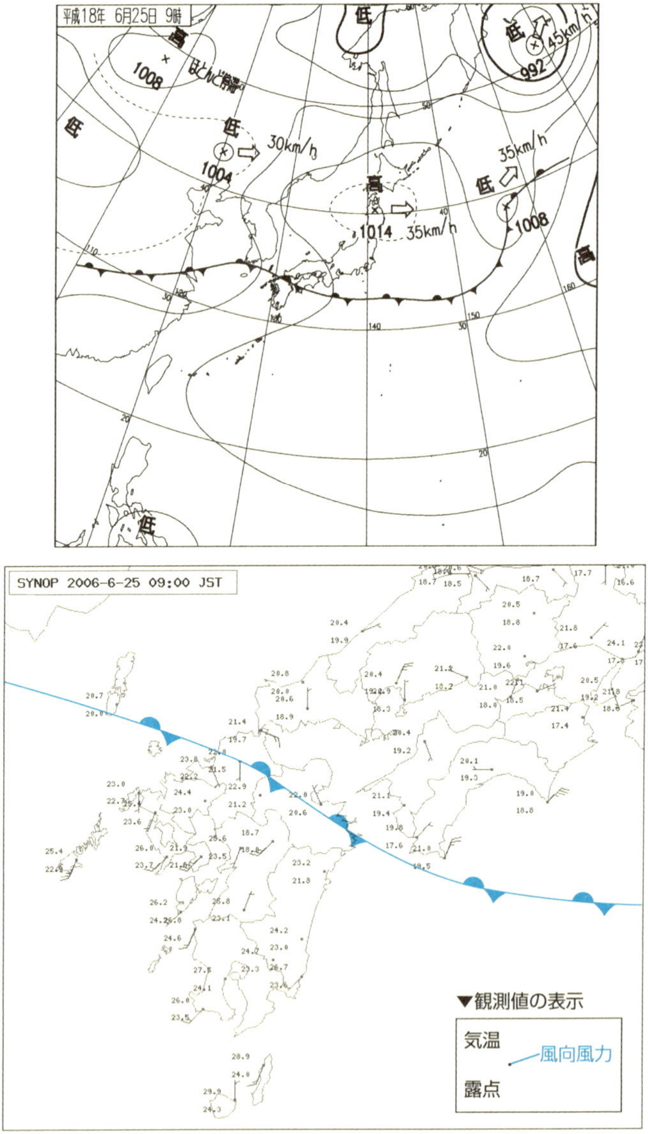

露点は前線の北側ではかなり広い範囲で20℃程度ですが、前線の南側では22～23℃となっており、さらに南へ行くと24℃以上の観測所も見られます。かなり微妙な差となっていることもありますが、予報官はこの差を見つけて前線を描いています。

水蒸気はどこから来る?

高気圧の周りでは時計回りに風が吹いているので、前線の南側では、南西のほうから暖かく湿った空気が流れ込んでいることがわかります。梅雨前線上ではしばしば大雨が降りますが、そのためには水蒸気が補給されることが必須です。九州で大雨が降るのは、東シナ海からその水蒸気が補給されるためです。

一時期、高度3000m付近に**湿舌**と呼ばれる湿った領域があり、これが大雨をもたらしていると解説されていました。ところが最近では、これは、大気の状態が不安定となって上空に水蒸気が運ばれた結果であり、大雨の原因となる水蒸気はもっと下層に運ばれているということがわかってきました。

この天気図の日、熊本空港では1時間に113ミリという記録的な大雨を記録しました。前線の南側に大量の水蒸気が運ばれたということがわかります。

POINT

- 春から夏へ移る前、日本付近に前線が停滞して雨や曇りの日が続く時期を、梅雨と呼ぶ。
- 梅雨が季節の一つである以上、気象庁による梅雨入りの発表があっても、その発表の日からきっちり梅雨になるわけではない。

2-5 北の高気圧

「北海道には梅雨がない」と言われます。確かに北海道に梅雨前線がかかり、長期間に渡って雨の日が続くということはほとんどありません。しかし梅雨の時期、北海道はどこでも毎日晴れているわけではありません。特に、北海道東部や太平洋側の街では霧に覆われることが多くなります。

霧に覆われる北海道

霧には、放射冷却で朝方気温が下がって発生する**放射霧**、前線付近で発生する**前線霧**などがありますが、この時期、北海道で発生する霧は、冷たい海の上を渡ってくる**移流霧**です。

北海道の太平洋側には、**親潮**と呼ばれる冷たい海流が流れています。また、オホーツク海は海が凍ってできる流氷が見られることからもわかるように、冷たい海です。その冷たい海の上を空気が通ってくると、冷やされて空気中の水蒸気が凝結します。それが霧というわけです。釧路では陸風から海風に変わったとたん、それまで晴れていたのに一瞬に気温が下がり、霧に覆われるということがしばしばあります。

リラ冷え

次ページの図は、北海道の太平洋側が霧で覆われた日の天気図です。気圧配置を見る限りは、オホーツク海にある高気圧に覆われて、北海道はどこでも良い天気のように思えます。

ところが、下の衛星画像を見ると、太平洋側はべったりと白い雲に覆われていることがわかります。この写真をよく見ると、内陸のほうの雲の端がくっきりと縁取られていて、それが地形（山）をあらわしていることがわかります。

これは、この雲の高さが山よりも低いこと、つまり霧や層雲であることを示しています。実際に、釧路のこの日の天気は昼前まで雲に覆われ、午前中はもやも発生していました。高気圧に覆われて南風が吹いていても、

北の高気圧の天気図と、その衛星画像

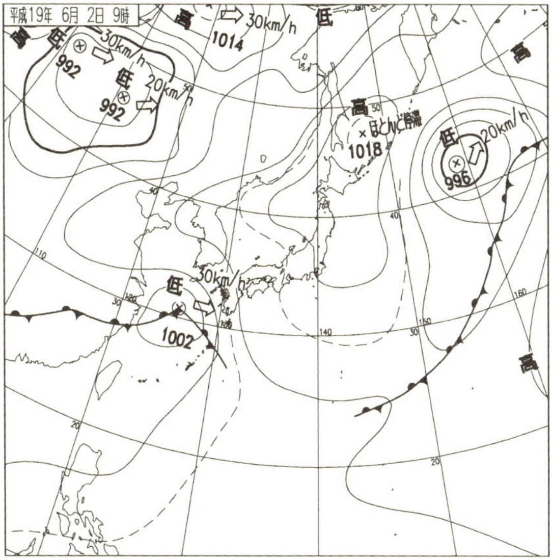

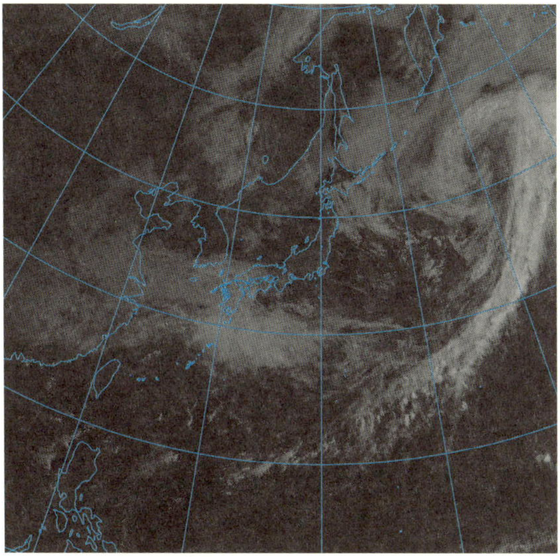

（可視画像）

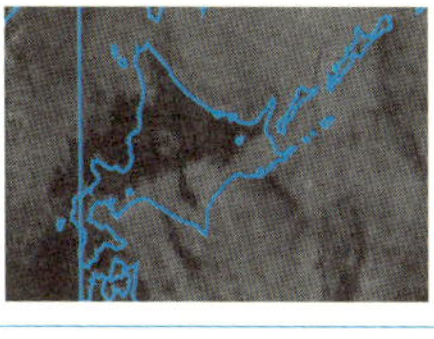

北海道を拡大したところ。
雲の端が山に沿って縁取られている

いえ、南風が吹くからこそ、海面水温が低いために太陽を望めないということになってしまっているというわけです。

この日、山を越えた日本海側には雲は達しておらず、晴れていることがわかります。ところが、もともと冷たい海を渡ってきたために、晴れていてもそれほど気温は上がりません。例えば札幌では、この日は一日中晴れていたにもかかわらず、最高気温は19.8℃までしか上がりませんでした。この時期、札幌ではライラック（フランス名はリラ）が咲いていますが、晴れていても気温が上がらないことが多く、これを**リラ冷え**と呼んでいます。

やませ

冷たい高気圧から出す東よりの風を、東北地方の太平洋側では**やませ**と呼んでいます。ちょうど稲の穂が出る時期にこのやませが吹くと、穂の成長が悪くなり、米は不作になります。地域によっても違いますが、おおよそ17℃くらいが不作になる境界線といわれています。記録的な大冷害となった平成5（1993）年の夏、オホーツク海に高気圧が長く居座り、北日本では低温の日が続きました。

高気圧といえば、好天の代名詞と思われがちですが、どちらからどんな地形の上を風が吹いてくるのかによっては、悪天にもなるということです。

POINT

●北海道に梅雨はないが、この時期はしばしば霧に覆われることがある。

2-6 太平洋高気圧

梅雨前線が北上し、高気圧に覆われると本格的な夏の訪れです。太平洋高気圧は、基本的にはハドレー循環と呼ばれる地球規模の大きな大気の流れによって生まれます。

下降気流によってできる砂漠の帯

太陽の日射のエネルギーを最も強く受ける赤道付近では、大気が暖められて上昇流が発生します。この緯度は夏は北半球の北緯10度付近で、強い上昇気流が発生している付近には、帯状の雲の列ができます。

この雲の帯を**赤道収束帯**と呼びます。上昇した空気は北上しますが、北極まで達することはなく、北緯30度付近で下降します。この下降域に発生するのが**太平洋高気圧**です。下降した空気はまた赤道集束帯に向かって流れ込みます。この南北の対流が**ハドレー循環**です。

地球が受け取る太陽エネルギーは、緯度が同じであればほぼ同じです。そのため同じ緯度をぐるっと地球を一周するように、高気圧ができてもよいのですが、夏場の大陸は気温が高く気圧が下がるために、高気圧の帯は大陸によって切り離されます。

ただ、気圧が比較的高く、下降気流の場になっていることには変わりなく、結果としてこの帯の領域に乾燥した砂漠ができます。世界地図を広げて見てください。砂漠は赤道の真上にあるのではなく、その少し北と南に帯になって見えるのがわかるでしょう。

夏に現れる鯨

太平洋高気圧の西の端は大陸に沿って切れ、日本の南では南西の風が吹くことが多いのですが、時には気圧の谷の影響や、フィリピン東の対流活動が活発になることによって、日本付近にもう一つ高気圧ができたり、気圧の尾根が見えることがあります。次ページの図がその典型的な天気図です。

下の気象衛星画像を見ると、フィリピンの東には発達した積乱雲のかた

太平洋高気圧が支配的な天気図と、その衛星画像

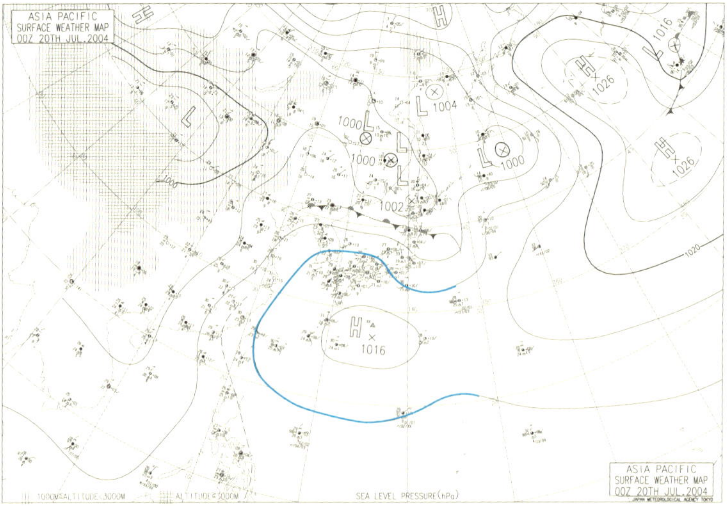

▲線で囲んだ箇所が鯨の尾

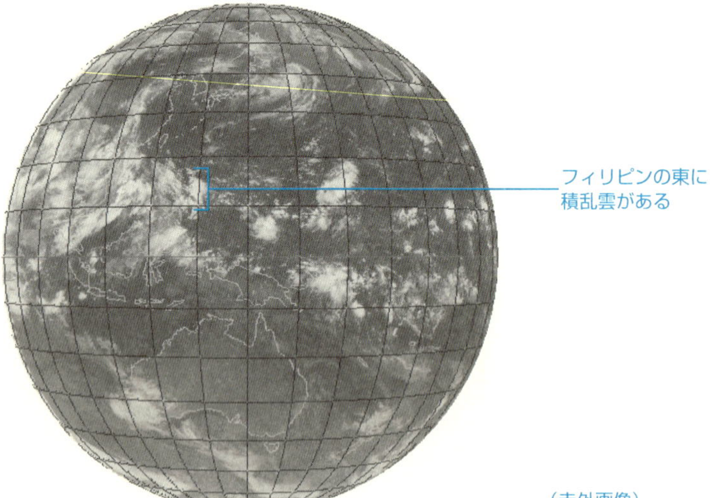

（赤外画像）

まりがあり、強い上昇気流が発生していることがわかります。この気圧配置は、日本付近の気圧の尾根が太平洋高気圧本体の尻尾のように見えることから、**鯨の尾型**と呼ばれています。この気圧配置になると、日本は猛暑に襲われます。

高気圧の張り出しにより、下降気流の場になりますから、それだけで気温は上がります。さらに、日本海から太平洋側に向かって風が吹きますから、太平洋側は山越えの下降気流が吹き、さらに気温が上がります。天気図の日である平成16（2004）年7月20日は、東京では39.5℃の観測史上最高の気温を記録しました。ただ、最小湿度は29％と非常に乾燥しており、最高気温の出た午後1時頃は、日陰で風が吹けばそれほど暑さは感じませんでした。

このように、異常な猛暑は単に高気圧に覆われただけで発生するのではなく、地形性の下降気流が補助的な働きをしていることが多いのです。

POINT

●夏になると、日本付近の気圧の尾根が太平洋高気圧本体の尻尾のように見えるので、鯨の尾型と呼ばれる。

2-7 熱雷

太平洋高気圧に覆われると日本付近は晴れます。しかし、太平洋高気圧のど真ん中というわけではなく、やや西の端のほうに位置していることが、大気が不安定になる原因になります。

雷にも種類がある

太平洋高気圧に覆われた日本付近は、太平洋高気圧のど真ん中ではなくやや西の端のほうに位置しているため、南や西から比較的湿った空気が入りやすい状態です。その上、日中は強い日差しを受けるため地上付近の気温が上がり、大気の状態が不安定になります。このため積乱雲が発達し、雷が鳴ります。これが**熱雷**です。

雷にはこのほかに、寒冷前線など気団の境界で発生する**界雷**、熱雷と界雷の両方の要素が加わった**熱界雷**、台風などの渦によって生ずる上昇気流で積乱雲が発達する**渦雷**があります。

次ページの図は、関西や関東地方などで熱雷が発生したときの天気図です。日本は関東の南東海上にある高気圧に覆われており、午前中は全国的に晴れていました。その後、気温が上がり、大気の状態が不安定となって、北関東や長野県では強い雷雨となりました。

レーダー画像で見る雷

天気図の下の3枚の図は、関東甲信越地方の16時、17時、18時のレーダー画像です。レーダー画像では、雨が強く降っているところは赤く（本書の図では白っぽく）表示されます。ここでは積乱雲が発達し、雷がなっている可能性が高いということがわかります。

この日、午前中はほとんど積乱雲は発生していませんでしたが、日中の強い日差しによって気温が上がり、昼頃になると山のほうで積乱雲が発生し、雨が降り始めました。その後その雨域は上空の風に流されて、南東へ移動を始めます。レーダー画像だけを見ていると、雨域はずっと南東に流

熱雷の天気図と、そのレーダー画像

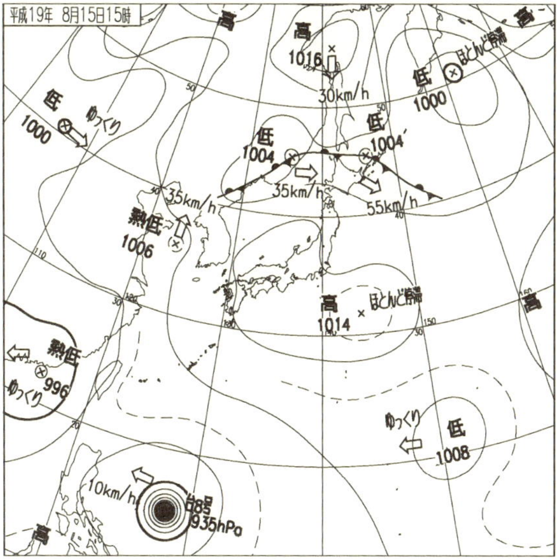

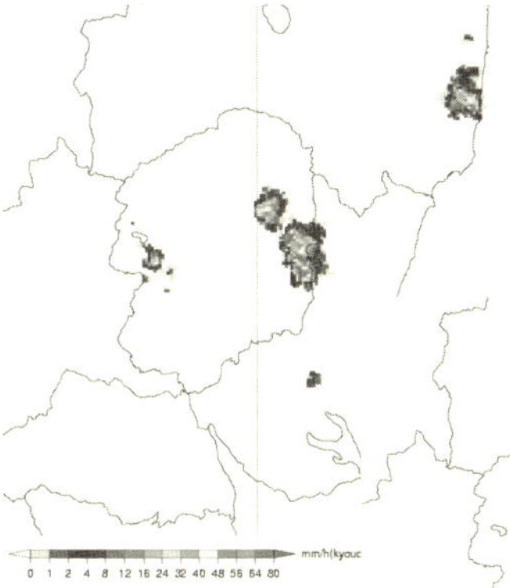

▲16時

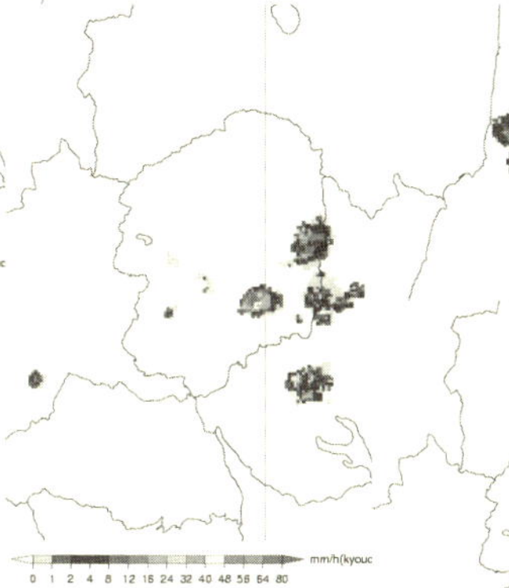

▲17時

▼18時

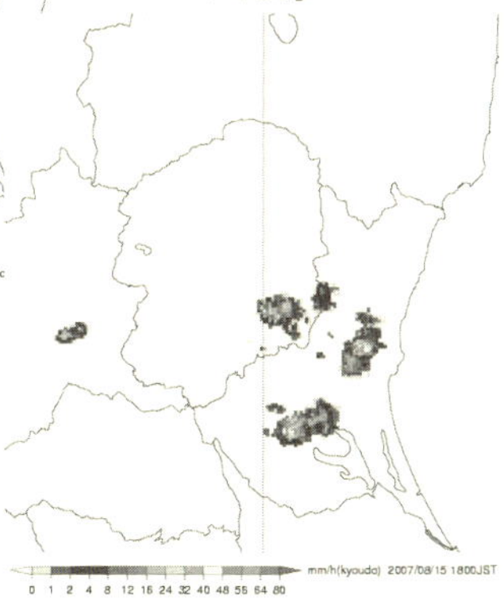

時間とともに雨域は
南東に移動している

れていますので、初めにできた雲がそのまま南東へ進んでいるように見えます。しかし、実際には一つの積乱雲の寿命はせいぜい1時間くらいなので、新しい積乱雲が発生しながら、それがどんどん風下に移動しているということになります。また、初めに積乱雲が発生したところでは、さらに新たな積乱雲が発生し、それがまた風下へ流れていきます。

雷が発生するしくみ

積乱雲の中では強い上昇気流が発生しています。そのため、水蒸気が凝結してできた氷の粒はどんどん上のほうに持ち上げられます。そのとき、氷の粒がぶつかり、小さな氷の粒と大きな氷の粒ができます。小さな氷の粒はプラスの電荷を帯び、大きな氷の粒はマイナスの電荷を帯びる性質があるので、そこに電圧差が発生します。その電圧差が大きくなると空気の中を電気が流れます。これが雷（空中放電）の正体です。上空ではなく、地上との電圧差により電気が流れることもあります。これが落雷です。

雷は地上の突き出たところに落ちやすいので、広いグランドや海などで、立っていると非常に危険です。過去にはサーフィンをしている人に雷が落ちたこともあります。昔はよく、金属を身体に身に着けていると危ないと言われましたが、身に着けた金属に雷が落ちるということはありません。雷はあっという間に数キロ先へ落ちるので、広い場所や山の上で雷の音が聞こえたら、姿勢を低くして、一目散に建物の中など安全な場所に避難しましょう。

POINT

- 太平洋高気圧に覆われた日本付近は、南や西から比較的湿った空気が入りやすく、また日中は強い日差しを受けるため、地上付近の気温が上がる。このため積乱雲が発達し、雷が鳴るが、これを熱雷と呼ぶ。

2-8 台風

台風はほぼ一年中いつでも発生しますが、前章で書いたとおり、暖かい海水からエネルギーを補給されるので、海面水温の上がる８月に最も多く発生します。

台風の進路には注意が必要

台風は海面水温の上がる８月に最も多く発生しますが、８月は日本付近は太平洋高気圧に覆われることが多いので、その場合、フィリピンの東で生まれた台風は、西へ進んで大陸に上陸して消滅します。しかし時には高気圧の割れ目を通って、日本付近にやってきます。

次ページの図は、日本の南に台風があるときの天気図です。台風の中心では等圧線がほぼ同心円となっていて、中心ほど等圧線の間隔が狭くなっているので、中心ほど風が強いことがわかります。風は台風の周りを反時計回りに吹いています。この天気図を見るだけでも、高気圧の割れ目のある北西方向に台風が進むと予想できますが、台風の発達と進路によって周りの気圧配置も変わるので、注意が必要です。天気図の下はこの天気図と同じ時刻の衛星画像です。非常にはっきりとした目を持っています。

雲の形で判断する、ドボラック法

ところで、天気図を見るとわかりますが、この台風は海の上にあり、周りにはほとんど観測点はありません。それでは、どうやって台風の中心気圧を決定しているのでしょうか。

第二次世界大戦の最中からアメリカ軍は航空機により台風観測を行っていて、その時は台風の中心付近の気圧を直接測っていました。これは、昭和62年の台風11号まで続けられましたが、これを最後に米軍は航空機の観測をやめてしまいました。それは、台風の中心気圧を気象衛星画像から求める技術が開発されたからです。といっても、地球から遠く離れた気象衛星に、地上の気圧がわかるセンサーがあるわけではありません。

台風の天気図と、その衛星画像

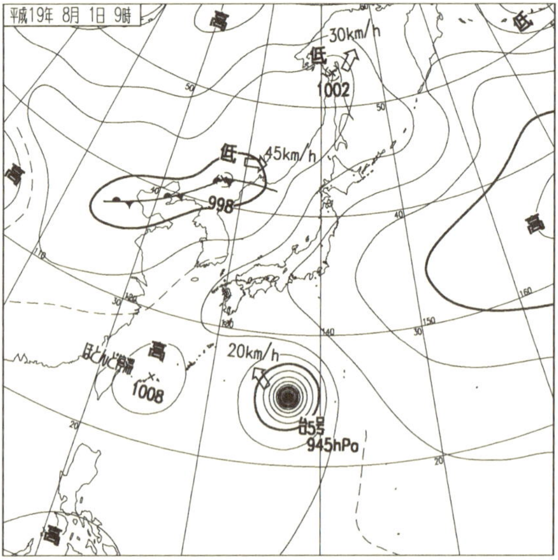

台風の目がはっきりと見てとれる（赤外画像）

台風の雲の形や雲頂高度は、台風の中心付近の風の強さや対流雲の発達程度、ひいては台風の中心気圧に大きく関係しています。ごくごく簡単にいうと、中心気圧が低いほど、中心付近の雲が発達し（雲頂が高く）、雲の幅が太くなります。また、眼もはっきりしてきます。これは、中心付近の積乱雲が発達しているということは、上昇流が強いということ、それはとりもなおさず中心付近の風が強く、これは中心気圧が低いことによると説明できます。このような台風を見て、予報官たちは「いい目をしている」などと不謹慎なことを言いますが、この関係から、台風付近の雲の形を調べることにより、台風の中心気圧を調べることができるというわけです。この方法は開発した人の名前からとって、**ドボラック（Dvorak）法**と呼ばれています。

中心の決定

台風の雲の形がはっきりしているときは、目の中心を台風の中心と決定すればよいので簡単です。ところが、日本付近に台風がやってくると、雲の形が崩れ、目もはっきりしなくなることが多くなります。

赤外画像で白い部分の中心を台風の中心だと思っていると、朝になって可視画像を見ると全然違うところに渦の中心が見られることもあります。このようなことがないように、必ず台風の中心は天気図を描いて決定されることになっています。

POINT

- 台風は、海面水温の上がる8月に最も多く発生する。
- 台風の中心気圧は、台風付近の雲の形を調べることでわかる。これをドボラック(Dvorak)法と呼ぶ。

2-9 台風の温帯低気圧化

時に我々に大きな被害をもたらす台風。あなどらず、十分に注意をしなければいけません。さてこの台風には、消滅する過程に二つの種類があります。

台風が消滅する二つのパターン

まず一つに、北の海ほど海面水温が低くなるので、台風が北上すると海面からのエネルギー補給がなくなります。そして、積乱雲が発達しなくなり、中心気圧は上がり、結果として風が弱まってきます。熱帯低気圧のままでも風速が17.2m/sを切ると、台風ではなく**熱帯低気圧**と呼ばれ、台風としては消滅です。これが、熱帯低気圧のままの消滅過程です。

もう一つの過程は、熱帯低気圧ではなく、温帯低気圧に変わって消滅する過程です。台風が北上すると周りは暖かい空気ばかりではなく、冷たい空気が北に現れてきます。台風は周りの空気を中心に巻き込むので、寒気もどんどん中心付近に流れ込んできます。寒気が中心に達すると、それはもはや熱帯低気圧ではなく温帯低気圧の性質を持つので、台風は消滅することになります。これが**台風の温帯低気圧化**です。現在は、寒気が中心に達したことをもって、温帯低気圧化の完了としています。

温帯低気圧化の過程

次ページの３枚の天気図は、台風が温帯低気圧へ変わる過程を示しています。

まず、台風が北上すると、北側の寒気と南から吹き込む暖湿気との間に前線が発生します（上)。

次に台風の周りを回る風によって、西から寒気が近づいて、台風の南側に寒冷前線が明瞭になってきます（中)。ただ、台風の中心付近はまだ暖気に覆われているので、寒冷前線は中心には達していません。また、台風の北には温暖前線が明瞭になりますが、こちらも北の寒気は台風の中心に

台風が温帯低気圧へ変わる過程

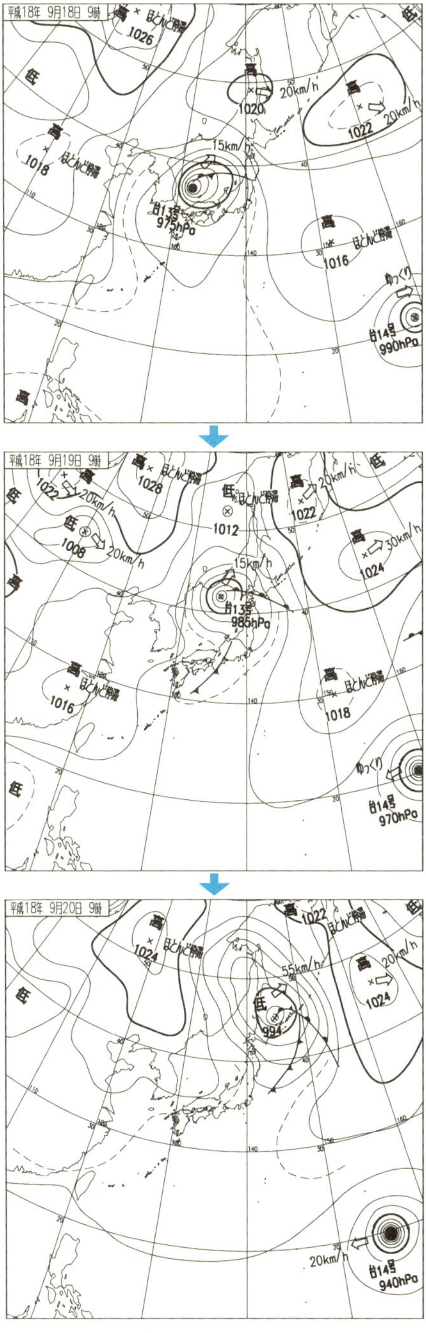

北側の寒気と南側の暖湿気の間に前線が発生

台風の南側に寒冷前線が、北側には温暖前線が明瞭になる

温暖前線と寒冷前線がつながり、寒冷前線（もしくは閉塞前線）が中心に達する

達していないので、温暖前線も中心には達していません。

さらに寒気が中心付近に近づくと、温暖前線と寒冷前線はつながり、寒冷前線（もしくは閉塞前線）が中心にまで達し、温帯低気圧化の完了です（下）。

寒冷前線の速度のほうが温暖前線よりも速いため、しばしばこの図のように、温帯低気圧化の完了と共に閉塞します。この場合、温帯低気圧化してからの発達はそれほどありません。やがて、中心付近を寒気に覆われた温帯低気圧は発達を終え、台風そして温帯低気圧としての一生を終えます。

台風じゃなくなっても油断大敵

台風が熱帯低気圧に変わっても、風速が弱まっただけなので、海面からの補給は弱くなっていますが、暖かく湿った空気をまだ持っています。このため、この熱帯低気圧が近づくと、まだ強い雨が降ることがよくあります。熱帯低気圧に変わっても、まだ雨に注意が必要です。「腐っても鯛」ならぬ「弱まっても台」というわけです。

一方、温帯低気圧化は低気圧の性質が変わっただけで、熱帯低気圧のように風速についての基準を切ったわけではありません。それどころか、むしろ台風が持っていた暖かく湿った空気と、北の寒気の温度差が低気圧を再発達させることがあります。そうすると、風が非常に強くなると同時に、強い風の範囲が広くなります。温帯低気圧に変わっても、安心することなく、特に風には引き続き警戒が必要です。

POINT

- 台風が消滅する二つの過程として、風が弱まって熱帯低気圧として消滅する場合と、寒気が中心に達して温帯低気圧化する場合がある。

2-10 秋雨前線

秋になり、太平高気圧の張り出しが弱まると、北に押し上げられていた前線帯が南下して、再び日本付近に停滞することがあります。これが秋雨前線です。

梅雨前線ほどではない…?

秋になると前線帯が南下して日本付近に停滞し、ぐずついた天気が続きますが、夏の前の梅雨前線の時期に比べて、大陸からの水蒸気の補給がそれほど多くないことから、この前線だけで大雨が降ることはあまりありません。

また、すぐに大陸からの寒気がやってくる時期が来るために、梅雨の時期のように1ヶ月も長く続くこともありません。ただ、台風が前線に近づくと、台風本体が持つ大量の水蒸気によって大雨になるのはもちろん、台風が遠く離れていても、前線の南側に台風がある場合、その台風の周りを回る水蒸気が大量に前線付近に運ばれるため、大雨になることがあります。

東海豪雨の原因は?

次ページの天気図は、後に一般的に**東海豪雨**と呼ばれる大雨が、愛知県を中心に降ったときのものです（気象庁は正式には命名していません）。本州には秋雨前線が停滞しており、その前線に向かって、台風の周りの湿った空気が北上していく気圧配置になっています。この日、名古屋では428ミリという記録的な豪雨を観測し、名古屋市内を流れる庄内川水系の新川という川の堤防が崩れ、大きな被害を出しました。

ところが、天気図をよく見ていただきたいのですが、秋雨前線そのものは名古屋市よりももっと北に描かれています。このような気圧配置でも、「台風と秋雨前線の影響で大雨が降りました」と解説されますが、それは下の図㋐のように、湿った空気が前線面を上昇することによって雲が発生したというわけではありません。下の図㋑のように前線の南側では上空で強い

東海豪雨の天気図

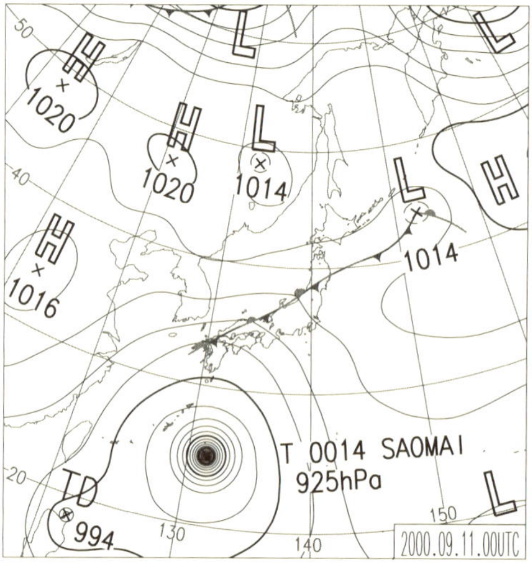

Hは高気圧、Lは低気圧、UTCは協定世界時。日本標準時は協定世界時より9時間進んでいるので、日本時間では午前9時にあたる

㋐湿った空気が前線面を上昇して雲が発生したのではなく…

㋑前線の南側に西風によって湿った空気が入って大雨となった

西風が吹いており、そこの下層に南から湿った空気が入っています。ここの領域で、大気の状態が不安定になったために、湿りが大量にどんどん供給され、記録的な大雨になったというわけです。

POINT

●秋になると前線帯が南下して再び日本付近に停滞するが、これを秋雨前線と呼ぶ。

2-11 寒冷前線の通過

太平洋高気圧がすっかり南に下がると、移動性の低気圧と高気圧が交互に西からやってきて、日本付近を次々に通る季節を迎えます。

低気圧が通った後は、気温が下がる

日本付近を次々に通っていく移動性の低気圧は、南の暖かい空気を北に上げ、北の冷たい空気を南に引き下げる働きをするので、低気圧が近づいてくるときは気温が上がり、低気圧が通った後は気温が下がります。この、気温を下げる北の気団の南の端が**寒冷前線**です。

特に北日本や日本海側では、寒冷前線の通過時に積乱雲が発達し、雷と共に強い雨や、時にはひょうを降らせることがあります。また、寒気が一気にやってくる場合もありますが、第2弾、第3弾と波状攻撃を仕掛けてくることもあります。この場合、天気図上に前線は描かれませんが、気圧の谷として表されるので、天気図を注意深く見ると、さらに寒気が来ることがわかります。

データが違っている?

さて、「寒冷前線が通ると、気温が下がり、南寄りの風が北寄りに変わる」ということは、中学校でも学習し、皆さんそのとおりになると考えていると思います。しかし、本当にそうでしょうか？

次ページの図は5月の例ですが、寒冷前線が日本付近を通過した後の天気図です。確かに関東地方も寒冷前線の西側にあり、東京は寒気団の中にあるはずです。

ところが天気図の下を見てください。これはこの日の東京の1時間ごとの気温と風向の変化をグラフにしたものです。9時過ぎの時点で寒気場の中にあるはずなのに、この時刻でも南よりの風が吹き、気温も下がっていません。実際に東京の気温が下がって風向も変わるのは、17時になってからです。

寒冷前線の天気図と、この日の東京の1時間ごとの気温と風向

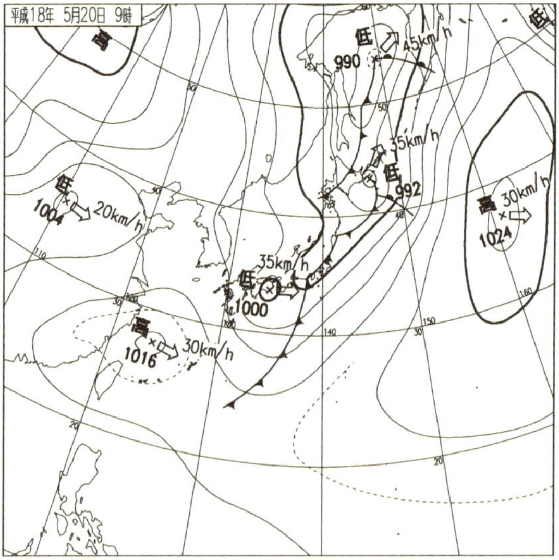

▼東京の気温変化

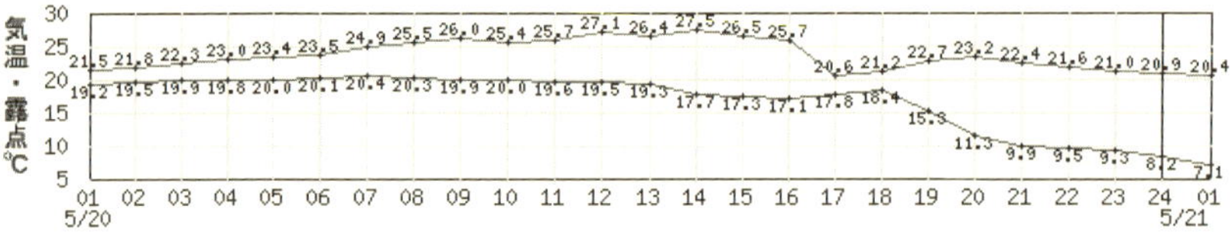

▼東京の風向・風力の変化

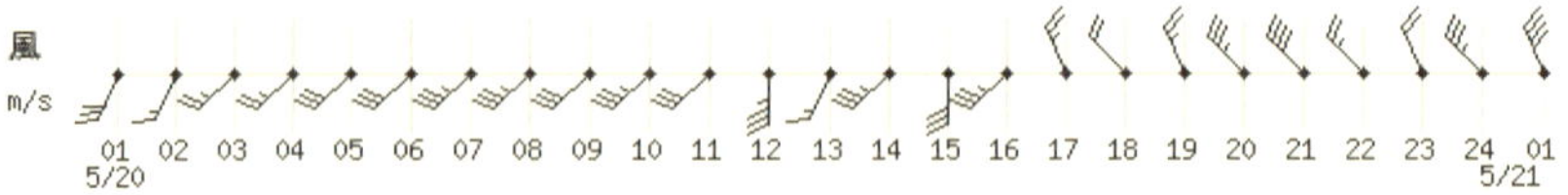

これは決して、天気図を描いた予報官が間違えたわけではありません。天気図は低気圧や高気圧といった大きな規模の現象（総観規模現象と呼びます）を表すための図なので、細かな現象は意識して無視することがあります。天気図を描く際には、地上の気温や気圧だけでなく、高層の天気図なども見ながら地上の天気図を描くので、結果として地上のデータと整合しないことも発生する、というわけです。

寒冷前線は変形する

それではなぜ、地上のデータが合わなくなるのでしょう。それは、寒冷前線の後ろにある寒気が、関東地方を取り巻く山脈によってせき止められてしまうからです。

日本海を南東に進んできた寒冷前線が日本海側に達し、その後内陸に入ってきた時間帯の気温と風向風速をプロットし、風向が北寄りに変わった地点を結ぶように線を引いてみると、寒気と暖気の境目（つまり本当の寒冷前線）は真っ直ぐな線ではなく、地形によってくねくねと曲げられてしまっているのがわかります。

山でせき止められた寒気は半日から1日遅れで関東地方にやってきますが、山越えであるために、フェーンとなってかえって気温が上がってしまうことや、風上側で水蒸気を雨としてほとんど落としてしまって、関東地方ではほとんど雨が降らないこともあります。このように詳細にデータを見ると、学校で習った以上のことをきちんと把握しないと天気予報はできない、ということがよくわかります。

POINT

- 日本付近を次々に通っていく移動性の低気圧が通った後は、気温が下がる。この、気温を下げる北の気団の南の端が、寒冷前線となる。

2-12 木枯らし一号

11月になると、いよいよ大陸からの寒気も強まってきます。日本付近を通過する低気圧も寒気により発達し、低気圧が通過した後に強い寒気がやってきます。

関東・近畿限定

11月になり強い寒気がやってきた頃、太平洋側の都市では冷たく乾いた風が吹きますが、その年最初のこの風を**木枯らし一号**と呼びます。気象庁では、関東地方と近畿地方だけで発表していますが、それはそもそも木枯らしという言葉そのものが他の地方では一般的ではないからでしょう。

木枯らしの定義は「晩秋から初冬の間に吹く、風速8m/s以上の北より（北から西北西）の風」です。春一番と同じように基準があって、全く同じように発表しますが、それほど話題にならないのは、これから春と言うと気分が明るくなるのに対し、木枯らしはこれから寒い冬が来るということで、暗い気持ちになるからでしょうか。キャンディーズに対抗するのが、紋次郎というのもちょっと地味ですね。

弁当は忘れても…

次ページの図は、平成18（2006）年に木枯らし一号が吹いた11月12日9時の天気図です。下は、同じ時刻の衛星画像です。関東地方は晴れていますが、日本海には低い筋状の雲が現れ、それが風に流されて日本海側の地方に達していることがわかります。つまり、太平洋側で乾いた風が吹いているころ、日本海では大陸からの寒気が海からの熱と水蒸気を補給し、積雲が発達して日本海側に雨を降らせているというわけです。真冬の間、日本海側で雪を降らせるのと全くしくみは一緒ですが、まだ気温が高いために雪にはならず、雨になるというわけです。

この雨は積雲や積乱雲から降る雨なので、時々強く降ったり弱まったり、

木枯らし一号の天気図と、その衛星画像

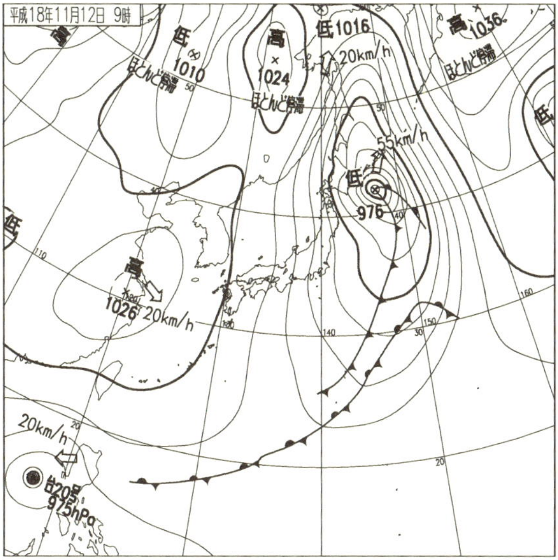

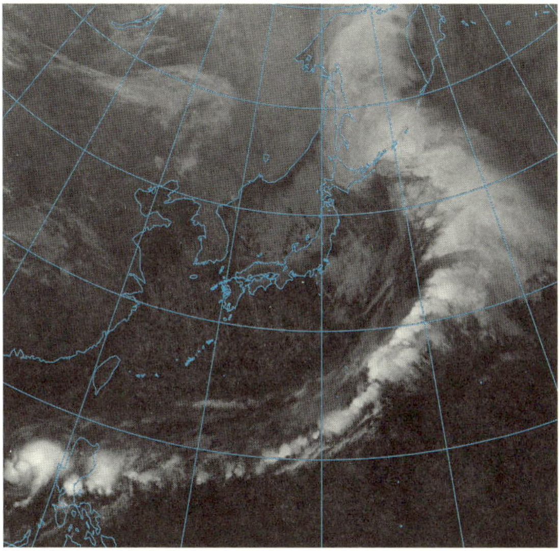

（赤外画像）

やんだと思ったら、積雲が近づいてきてまた降り出すといった状態になります。このような雨を時雨《しぐれ》と呼び、金沢などの日本海側の都市では、この季節には「弁当忘れても傘忘れるな」と言われています。

雷が鳴って雪が降る?

時雨と木枯らしの季節が進むと、さらに強い寒気が入って来る季節を迎えます。寒気が強ければ強いほど、日本海から補給される熱と水蒸気の量が多くなり、その結果、大気の状態はますます不安定になります。そうすると、積乱雲の中の上昇気流は強くなり、積乱雲は発達し雷が鳴ることがあります。強い寒気がやってきているために、この雲から降るのは雨ではなく雪となり、まるで雷が鳴って雪をもたらすように見えることから、このようなときに発生する雷は「雪起こし」と呼ばれています。

このときに降る雪は、雪の結晶がぶつかり合って固まってできることが多く、地上では雪あられとして観測されます。上空の気温や湿度しだいで雪の結晶の形が変わることから、故中谷宇吉郎博士は「雪は天からの手紙である」と言いました。天から雪あられが降ってくるということは、上空で強い上昇気流が発生しているのを知らせる手紙が届いているということなのです。

POINT

- 11月になり強い寒気がやってきた頃、太平洋側の都市では冷たく乾いた風が吹く。その年最初のこの風を、木枯らし一号と呼ぶ。

2-13 太平洋側の雪

冬型の気圧配置が続いている間は、太平洋地方は乾燥して晴れた日が続きます。しかし、寒気がやや弱まって、日本のすぐ南を低気圧が通過するようになると、太平洋側でも雪が降ることがあります。

雪が降る条件は微妙

冬型の気圧配置の時、太平洋側で雪が降るといっても、条件は非常に微妙です。低気圧は暖かな空気と冷たい空気の境界付近で発達するので、低気圧の中心付近は温度が高くなっています。このため、ここでは雪が雨に変わってしまいます。

一方、低気圧の中心が南に離れすぎると、雨も雪も降りません。大陸からの寒気が強いと、低気圧は日本の南を離れて進んでしまいますし、寒気が弱いと、低気圧は日本の近くを進み、気温が上がって雨が降ります。このため、例えば関東地方では、「八丈島の北を通ると雨、南を通ると雪」という簡単な判別法が普及していますが、実際にはそれほど単純な話ではありません。

雪が降る、上空の気温の目安

次ページの図は、東京で9cmの積雪を観測した平成18（2006）年1月21日9時の天気図です。関東の南には小さな低気圧があるだけで、その南にはその後急速に温帯低気圧に発達する前線が横たわっています。この小さな低気圧のために東京では雪が降りました。

このとき、つくば市上空の約1400mの気温は-3.1℃。同じ気団であれば、気温はおおよそ100m下がると0.6℃上がりますから、地表では5℃位になっていることが推測されます。ところが実際には、この日の東京の日中気温は0～1℃で、雪が雨に変わることはありませんでした。

氷は0℃で水になりますが､雪は一瞬で水(雨)に変わるわけではないので、地上の気温が3℃位までは雪のまま降ってきます。地上気温が3℃だとして、

太平洋側の雪の天気図と、雪が降るための条件

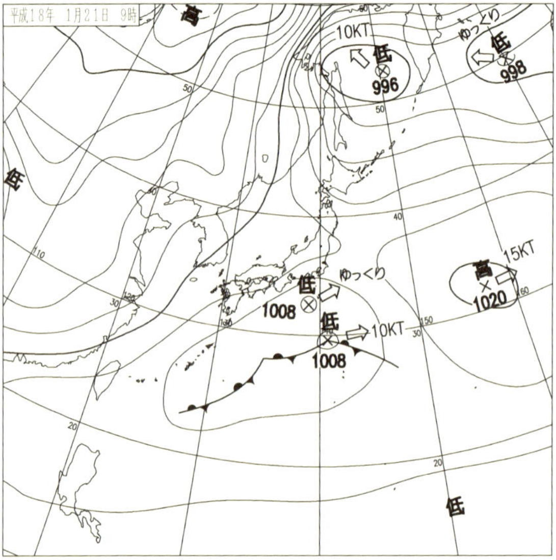

関東の南にある小さな低気圧のために、この日東京では雪が降った

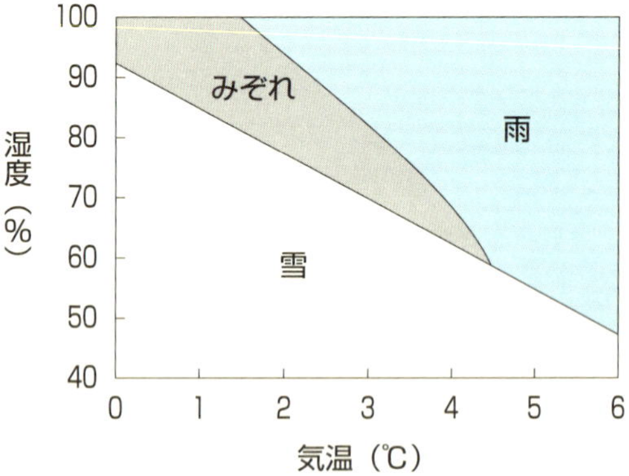

この空気を1500mまで持ち上げると-6℃になりますから、これよりも気温が低いと、雪のまま地上に落ちてくることが予想されます。

実際に-6℃よりも気温が高いと雪ではなく雨になることが多いのですが、時には地表付近にだけ東から非常に冷たい空気が入り、上空の気温が-6℃よりも高いのに、雪のまま地上に降りてくることもあります。

また、下層の冷たい空気のため、雨に変わった水滴が再び凍ることもあります。これは雪ではなく**凍雨**と呼ばれます。

湿度の目安

もう一つ、雨と雪を分ける条件に周りの湿度があります。湿度が高い場合、水蒸気が多いということですから、雪の結晶がそこに降りてくると水蒸気がどんどんくっついてきて、雪の結晶を溶かしてしまいます。逆に、湿度が低い場合、雪の結晶にくっつく水蒸気が少ないので、雪の結晶は解けにくく、地表まで雪のまま落ちてきます。

これを図で表したのが前ページの天気図の下です。先の説明で地上の気温が3℃位までは雪のまま降ってくると述べましたが、この図を見るとそれが言えるのは湿度が70%くらいまでで、それより湿度が高いと雨やみぞれになってしまうことがわかります。

このように、正しく雪の予想を行うためには、低気圧の進路というアバウトなものではなく、上空から地表までの間にどのように空気が流れ込んでいるのかを知る必要があるのです。

POINT

- 冬型の気圧配置のとき、太平洋側は乾燥して晴れた日が続くが、微妙な条件が揃うと、雪が降ることがある。

2-14 日本付近を進む台風

前章でもこの章でも典型的な台風の話を述べました。学校でも、皆さんは典型的な、非常に形のきれいな台風のことだけを学習します。ところが、話はそれほど単純ではありません。

台風の形はそれほど整っていない?

実際の台風のことを考えてみましょう。目がはっきりして、ほぼ同心円状に雲があり、等圧線もきれいな円で描かれる台風がやってくるのは、日本では沖縄から九州くらいまでで、そのほかの地方に、このままやってくることはまずありません。

台風は海面からの熱と水蒸気の補給がエネルギー源であることから、海面水温の状態、周りの海陸分布に強い影響を受けます。また、地形によって風向・風速が変わるで、海陸分布は台風の移動にも影響を与えます。

天気図が有効なのは、その等圧線や前線などの図から、低気圧や台風の影響範囲が推定できる時、しいてはどのような天気分布になるのかが推定できる時ですが、台風の形が崩れてきているのに、典型的な台風による天気の分布を天気図に当てはめてしまっては、誤った判断をすることになってしまいます。

太平洋側を進む台風

次ページの図は、台風が日本の南を進んでいるときの天気図です。この天気図を見て、どのような天気分布を想像するでしょうか。

沖縄付近では、陸地といっても島しかありませんし、海面水温も高いので、台風は陸地の影響をそれほど大きく受けません。最盛期にはさらに発達を続けます。

ところが、台風が日本の太平洋側を東に進む場合、台風のすぐ北に陸地があるために、台風の北側では熱と水蒸気の補給を受けることができません。このために、台風の東側（進行方向）では南から暖かい空気を取り込

日本付近を進む台風の天気図と、そのレーダー画像

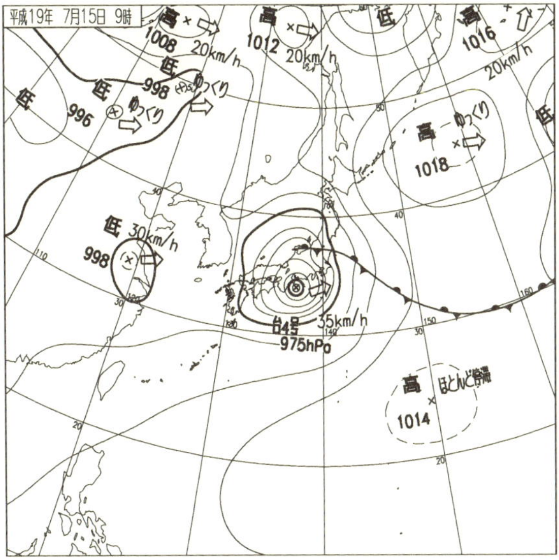

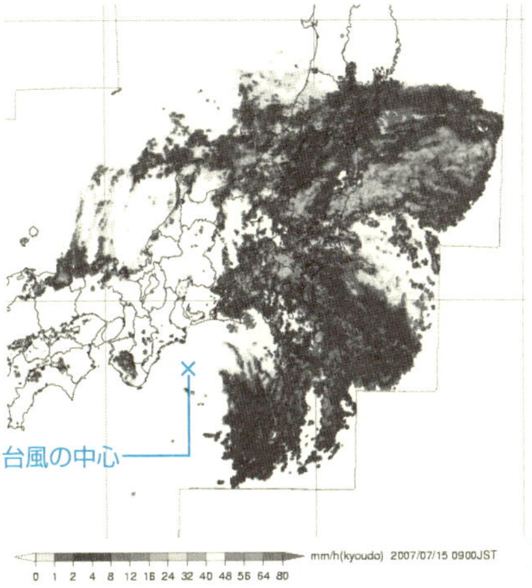

台風の形は大きく崩れていることに注意

んで、強い雨雲が発生し、太平洋側の各地に大雨をもたらしますが、台風の西側（通り過ぎた後）には雨雲はほとんどなく、台風の中心が来たときには、もうすでに大雨のピークを過ぎているということになります。

天気図の下は、天気図と同じ時刻のレーダー画像です。台風の東側ではかなり強い雨が降っていますが、西側にはほとんど雨が降っていないのがわかります。

ただし、この台風は房総半島付近まで進むと、関東地方の東側は海ですから、その海から再び熱と水蒸気を補給し、再び目がはっきりするほど勢力を維持し、関東地方北部や東北地方の太平洋側に大雨を降らせることがあるので、注意が必要です。

中心主義に気をつけて

台風についての報道は、その中心位置の現状と予想が主になることが多くなります。このような報道方法は、典型的な形の台風であれば、中心付近ほど強い雨を伴って強い風が吹くことが原因だと思われます。

しかし前ページで見たように、実際には日本付近を台風が通るときは、必ずしも中心付近で大きな被害になるような現象ばかりが発生するとは限りません。このようなときには、台風の中心位置がどこにあるかに関わらず、地元の気象台からは、どの場所でどのような現象に気をつける必要があるかについて解説する気象情報を発表しています。

中心主義に陥ることなく、具体的な注意事項をきちんと把握しましょう。

POINT

- 台風は、形のきれいな台風ばかりではないので、判断を誤らないよう、注意する必要がある。

2-15 土用波

「ビッグウェンズデー」という映画がありました。どういう理由なのかは映画では説明されませんが、水曜日には伝説の大きな波が来ることが、前提になっていました。さて、日本には「土用波」という言葉があります。

サーファーも大好きな土用波

日本の土用波という言葉は、決して土曜日に大きな波が来る、という話ではありません。「土用」とは、五行思想に基づく季節の分類の一つで、各季節の終わりの約18日間のことです。特に、鰻を食べると夏ばてしないとされる「土用の丑の日」でおなじみのとおり、土用と言えば旧暦の夏の土用を指すのが一般的です。

土用波とはこの夏の終わりのころにやってくるとされる高い波で、日本のはるか南にある台風によってもたらされます。サーファーが数多く集まることで有名な湘南は、実はそれほど高い波が多く発生する場所ではないのですが、この土用波が来ると話は別です。普段の鬱憤を晴らすように、サーファーたちがこの土用波に挑戦しているのが見られます。

うねりの伝播

海の波は海の上を吹く風によって発生します。風が強いほど、また、その風が長時間吹くほど、さらに、その風が長距離に渡って同じ風向で吹くほど、波が高くなります。台風の中心付近では、非常に強い風が吹いています。また、日本のはるか南にあるときには、台風は時にはほとんど動かないこともあるほど、ゆっくりと西に進んでいます。このため、台風の近海では波が高くなる条件を満たすことになるため、非常に高い波が発生します。この高い波が1000キロ以上の旅を経て、はるか北にある日本へやってきたものが土用波です。

波には遠くへ伝播するうちに、短い周期のものが減衰し長周期のものだけが残るという性質があります。このため、土用波は周期の長いサーフィ

土用波の天気図と、その衛星画像

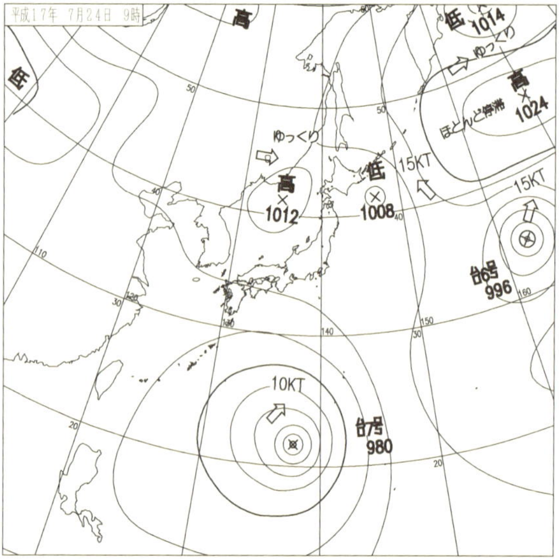

（赤外画像）

ンに適した波になるのです。このような長周期の波を「うねり」と呼びます。

図は、土用波が発生するときの典型的な天気図です。このように台風が日本から離れていて、風が強いなどの直接の影響はなくても、波が高くなることがあります。このような現象があることを知らないで、岩場で釣りなどをしていると、突然の高い波にさらわれることになるので、注意が必要です。

ハワイのうねり

サーフィンの本場と言えば、ハワイです。ホノルルのあるオアフ島の北側では、冬にサーフィンに適した時期を迎えますが、これはなぜでしょう。

実は、日本付近で冬型の気圧配置が長く続くと、台風ほど強い風ではないものの、日本の南では同じ風向の風が長時間、長い距離を吹くために、高い波が発生します。この高い波がはるばるハワイまでやってきたものが、サーフィンに適したうねりになるというわけです。日本で雪を降らせている風が、はるか南まで影響してハワイではサーファーたちを喜ばせているとは、ちょっと不思議な感じです。

冬型の気圧配置のときは、非常に発達した低気圧がアリューシャン列島あたりで止まっていることが原因であることが多いのですが、アメリカ西海岸の話である「ビッグウェンズデー」は、そんな気圧配置のときの話かもしれません。

POINT

- 夏の終わりの頃にやってくるとされる高い波を、土用波と呼ぶ。日本のはるか南にある台風によってもたらされる。

column

コラム

天気図に描かれるもの、描かれないもの

現在のところ、皆さんが普段目にする天気図は、コンピュータが自動的に描いたものではなく、気象庁の予報官がコンピュータを使いつつも、手作業で作成しているものです。このため、何をどのように表現するかということは、時代によって変わってきていますし、国によってもずいぶん違うことがあります。

日本の天気図では、基本的には「総観規模」と呼ばれる数日以上の寿命のある数百～数千キロの大きさの気象現象、例えば温帯低気圧や台風などを表すことによって、大まかな天気分布や風の状態がわかるようにすることを目的としています。

●規模の小さな現象は描かない

例えば晴れた日の昼には内陸の気圧が下がり小さな低気圧ができ、夜には逆に内陸に小さな高気圧ができますが、このような現象は天気図には表現されません。また、等圧線も厳密に同じ値の場所をつないでいくとガタガタしたものになりますが、観測誤差もあることから滑らかに描きます。陸上の前線も風向に従って厳密に引くと、地形によって変形させられていることがわかりますが、そのようなスケールの解析は必要ありませんので、スムーズに描かれます。

私が天気図を描いていた頃に問題になったのは、冬型の気圧配置の時に北の海に現れる小さな低気圧でした。石狩湾に現れる西岸小低気圧は今や気象関係者の間では有名ですが（3-1、→p.96）、このような小さな低気圧は日本海側だけでなく太平洋側にも現れます。この低気圧の南西側では非常に強い風が吹いているので、海上を航行する船舶にとっては危険な低気圧ですが、寿命は2～3日であることが多く、総観規模の現象ではありません。私は船舶のことを考慮して、描くべきだと主張しましたが、担当者の間では議論になりました。

●典型的な現象以外は描かない

典型的な温帯低気圧に伴う前線のパターンは、中心から東に温暖前線、西に寒冷前線が描かれるか、中心もしくは中心付近から閉塞前線が伸びて、そこから東に温暖前線、西に寒冷前線が描かれるというものです。

ところが実際には、寒冷前線の後ろからは寒気が波状にやってきますので、その温度差の大きなところには2次前線、3次前線と呼ばれるような前線を描ける場合があります。また、前線の定義は気団の差を表したものですから、必ず温帯低気圧に伴うわけでもありません。アメリカの気象局のホームページへ行くと、このような前線を描いた天気図が見られます。日本でもそのような前線を描いていた時代もありましたが、現在の日本では描きません。

●描かれていないとわからないか

このようにせっかくの情報を削ってしまうのは、もったいないと思うかもしれません。現在、天気図は、一目見て大きな現象を概観できるように描くことが大事だとされています。このため、このように小さな現象や詳細な解析は省いているわけですが、明確に描かれていないからといって、全くわからないというわけではありません。

詳細な状態を知る一つの手段は、気象衛星画像やレーダー画像など他の資料です。複数の資料を見ることによって、より詳しく天気の状態を知ることができます。もう一つは、天気図に明確には描かれていなくても、先に書いたような2次前線は気圧の谷として現れますし、海上の小低気圧も等圧線のくぼみで表現されることがあります。さらに、内陸の小低・高気圧は、晴れて高気圧に覆われた時には必ず現れますから、そのような現象が発生する条件であるかどうかを知ることにより、天気図から推測できるようになります。

天気図を見ただけでここまでできるようになると、本当に「天気図がわかる」と言えるでしょう。

確認テスト　台風

問題　台風に関する次の①～⑤の記述のうち、誤っているものを一つ選べ。

①弱い熱帯低気圧の段階では、ふつう明瞭な目は見られないが、目ができ始めるころ、中心気圧は急速な低下を始めることが多い。

②台風の目の中では平均的に下降流となっており、空気は乾燥し温度が高い。

③台風の通過直後には、台風がもたらした暖かい気団により暖められて、海面水温が一時的に上がることが多い。

④台風は、7月から9月には北緯25～30度の比較的高い緯度で転向することが多い。10月になると北緯20～25度で転向して日本の南海上を北東進することが多い。

⑤コリオリの力が弱い北緯5度以南の赤道付近では、台風はほとんど発生しない。

【第5回（平成7年第2回）専門・問10】

答えは➡P.195

第3章

歴史的な天気図を読みといてみよう

進化する天気予報

気象庁で天気図が描かれるようになってから120年以上経ちました。これまでにさまざまな気象災害が発生したり、記録に残るような現象が発生しています。また、この20年ほどの間に気象庁の発表する天気予報・警報などは大きく変化してきていますが、その改善の多くは大きな気象災害がきっかけとなっています。

この章では、そのような歴史に残る天気図を取り上げ、どのような現象が発生したのか、また、それをきっかけに天気予報がどのように変わっていったのかを説明しています。日本では台風と梅雨前線によって大きな気象災害が発生することが多いため、これらを網羅しようとすると同じような天気図を取り上げることになります。このため、ほかにも大きな気象災害が発生した事例もありますが、それは残念ながらはずしました。この章を参考に、自分の記憶に残る日の天気図と比較してみてください。

3-1 観測史上最低気温

元気象庁職員である新田次郎の『八甲田山死の彷徨』という小説をご存知の方も多いと思います。高倉健主演で『八甲田山』という映画にもなりました。

当時の天気図を振り返る

この小説で描かれた日本軍の八甲田山雪中行軍訓練が行われたのは、今から100年以上前の明治35（1902）年の1月20日～29日でした。

図は、訓練の最中である1月25日9時の天気図です。当時はまだ、すぐお隣の中国や韓国の観測データは入っておらず、海上の観測もありません。もちろん、アメダスもひまわりもありません。このため、低気圧の記述も現在のようにはっきりしませんし、前線なども描かれていません。等圧線が3本しか引かれておらず、なんとも頼りない感じですが、それでも東が低く西が高い「西高東低」の気圧配置であることが、かろうじてわかります。また、この日をはさむ数日の天気図を見ると、低気圧が日本の南岸を21日から23日にかけてゆっくり通過し、その後冬型の気圧配置となり28日まで続いたことがわかります。

このときの状況を詳しく考察してみましょう。当時はまだ高層の天気図も描かれていないので上空の様子はわかりませんが、低気圧のスピードが遅いことから、非常に深い気圧の谷が通ったと推測され、輪島の風などを見ると、日本海にも低気圧がある二つ玉低気圧だった可能性もあります。このような低気圧の通過後は低気圧は非常に発達し、強い冬型の気圧配置になります。現代であれば、普通は冬山に登ることを諦める気象条件でしょう。そんなことは全くわからず、無謀ともいえる訓練の結果、当時の日本陸軍は大量の犠牲者を出してしまったというわけです。

明治35（1902）年1月25日9時の天気図

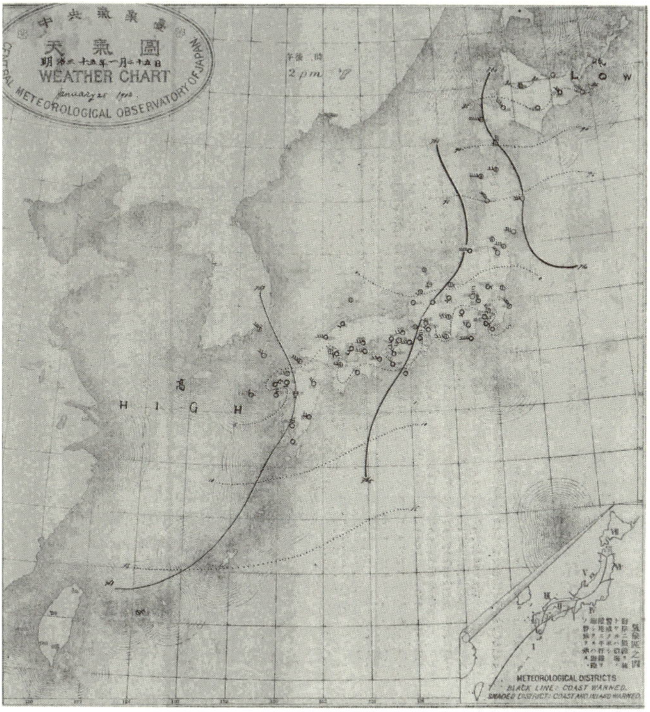

３本の等圧線しか引かれていないが、かろうじて「西高東低」であることはわかる

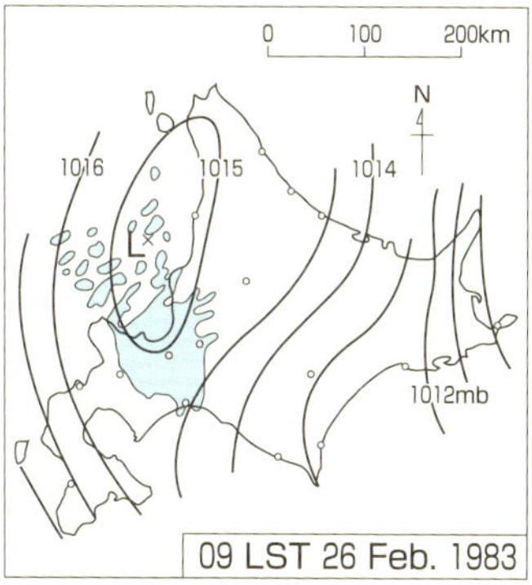

1983年2月26日09時
局地天気図と札幌レーダー画像

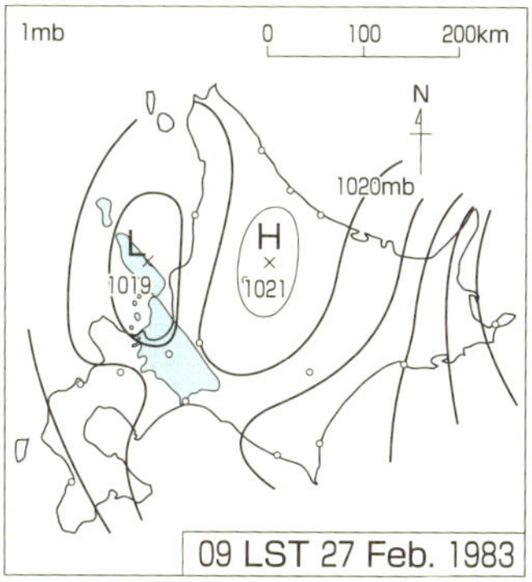

1983年2月27日09時
局地天気図と札幌レーダー画像

観測史上の最低気温を記録

冬型の気圧配置に変わった25日の朝、北海道の上川では未だに破られていない日本の観測史上最低の気温－41℃を記録しました。都市化が進んだ現代では、もうこの記録が破られることはないでしょう。最低気温がこのように下がるためには地表の温度が放射冷却によって下げられる効果が欠かせず、そのためには夜間は晴れる必要があります。強い冬型の気圧配置の場合、上川地方では通常の場合は雪になりますが、上空に寒冷低気圧がある場合、北海道の西岸にはしばしば小低気圧が発生し、雪雲が日本海に収束します。そしてその東側の上川地方は晴れます。

前ページ天気図の下の図は、冬型の気圧配置において北海道の西岸に小低気圧が発生した時の局地天気図（等圧線の間隔が1hPaであることに注意）に、レーダー画像を重ね合わせたものです。札幌付近では大雪になっていますが、内陸部にはエコーがかかっておらず、晴れているのがわかります。観測史上最低気温を観測した明治35年1月25日もそのような日だったのではないでしょうか。25日の天気図で、寿都の風速が非常に強いのに対し、札幌ではほとんど風が吹いていないのは、それを立証しているようにも思えます。

数枚の天気図だけで気象状況が全てわかるわけではありませんが、最近の観測結果と理論を用いて、当時の気象状況を推察してみました。

POINT

- 日本軍の八甲田山雪中行軍訓練が行われたのは、明治35（1902）年の1月20日～29日で、強い冬型の気圧配置だったと推定できる。
- 25日の朝には、北海道の上川で、未だに破られていない日本の観測史上最低の気温、－41℃を記録した。

3-2 伊勢湾台風

昭和34（1959）年9月21日、筆者がこの世に生を受けた翌日、マリアナ諸島の東海上で台風15号が発生しました。この台風はその後22日9時から23日9時までの24時間で91hPaも中心気圧を下げ、23日15時には900hPaを切って894hPaの猛烈に発達した台風となりました。

正確な中心気圧の記録が残っている台風

当時、米軍が気象観測用の航空機からドロップゾンデと呼ばれる観測機器を台風の中心に落下させて気象観測を行っていたので、この中心気圧は正確に測られたものです。台風15号は、その後あまり勢力が衰えないまま北西に進み、26日9時に北に進路を変えた時にも920hPaと非常に強い台風のままでした。

次ページの天気図はこの後、台風が潮岬の南海上に達したときのものです。秋雨前線が本州の南岸にかかり、大雨の恐れが非常に強いことがわかります。また、東海地方は台風の進路の東側に当たり、南からの強い風が吹き付ける状況であることもわかります。

この台風はこの後18時過ぎに潮岬のすぐ西に上陸しました。上陸前の速度が速かったために台風が衰えず、上陸時には東海地方の各地で40～50m/sの最大瞬間風速が吹きました。また、各地で400ミリを越える大雨も降りましたが、何よりも、この台風で特徴的なのは、高潮により非常に大きな被害が発生したことでした。

高潮が発生する原因には、「吸い上げ効果」と「吹き寄せ効果」と呼ばれる、二つの効果があります。吸い上げ効果とは、台風の中心付近の気圧が低いために、周りの気圧の高いところで押された海水が台風の中心付近に集まってくる現象で、中心気圧が低いほど潮位は高くなります。一方、吹き寄せ効果とは、台風の中心の周りの強い風によって、海水がその名のとおり吹き寄せられて発生する現象で、陸地に向かって風が吹いている場所のほうが、陸地から海に向かって風が吹いている場所よりも高くなります。

伊勢湾台風の天気図と、当時の高潮のグラフ

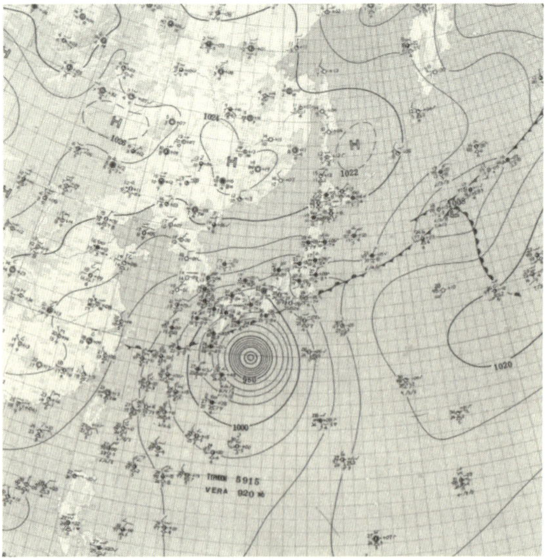

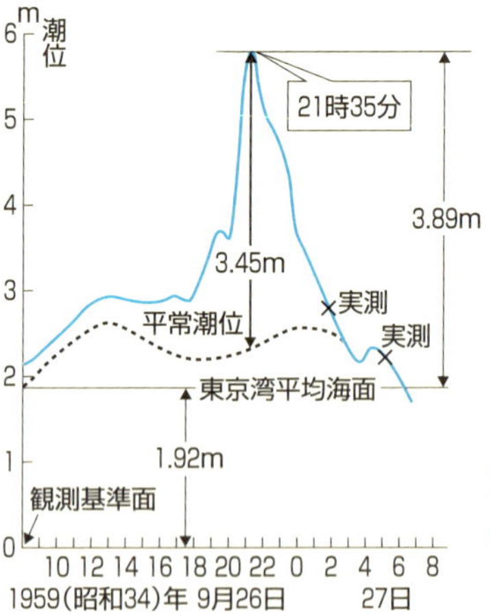

この台風では、高潮により非常に大きな被害が発生した

この台風では、進行方向東側に当たる紀伊半島の東側の各地の港で高潮が発生し、特に、伊勢湾の奥の名古屋では3.45mもの高潮になりました。このため、防潮堤を乗り越えて、あるいは防潮堤を破壊して海の水が内陸に流れ込みました。さらに、悪いことに貯木場の木が流れ出し、家屋などを破壊しました。このような現象が、速度の速い台風のために急速に起こりました。気象台が前日から警戒を呼びかけていたにもかかわらず、高潮

の最大が夜だったこともあって避難が間に合わず、日本の戦後台風被害の最悪となる5千名を超える死者を出しました。このほとんどが高潮による被害と言われています。

このような大きな災害が発生したため、気象庁はこの台風を**伊勢湾台風**と命名しました。また、この大きな被害を受けて政府は国の災害対策を根本的に見直し、さらに翌年に発生したチリ地震津波も考慮して1961年に**災害対策基本法**を制定しました。この法律により、各都道府県ごとに防災計画を作成し、都道府県知事を中心とした警報の伝達組織が定められるなど、現在でも行われている災害対策の基本が作られました。このように、伊勢湾台風は日本の災害対策のきっかけとなった台風と言うことができるでしょう。

POINT

- 昭和34(1959)年9月21日、マリアナ諸島の東海上で発生した台風15号は大きな災害を引き起こしたため、気象庁はこの台風を伊勢湾台風と命名した。被害の大半は高潮によるものである。
- この被害を受けて、1961年に災害対策基本法を制定することになった。

3-3 ひまわり誕生

今でこそ天気予報には衛星写真が欠かせないものとなっていますが、その映像を送る気象衛星ひまわりは、天気予報の初めから使用されていたわけではもちろんありません。

ひまわりのおかげで今の天気図がある

天気図は、昭和52（1977）年9月8日9時のものです。沖縄の南に台風9号があって北上しており、沖縄本島を直撃しようとしているところですが、特に変わったところがあるわけではありません。実は、下にある衛星写真が特別なもので、**静止気象衛星ひまわり**が初めて撮影し、地上に送ってきた画像なのです。このあと画像はすぐに台風位置の解析に使われ、気象衛星としての威力を発揮したのは言うまでもありません。

この衛星が打ち上げられるまで、軌道衛星と呼ばれる高度の低い衛星で日本付近の雲の様子を上空から知ることはできていましたが、軌道衛星はその名のとおり地球の周りをぐるぐる回る周回軌道を描いているので、日本を常に監視することはできませんでした。このため、東経140度赤道上空の静止軌道に気象衛星を打ち上げて、常に日本付近の雲の状態を知ることが、気象庁の積年の願いでした。皆さんご存知のとおり、最近一時日本の衛星がない時期もありましたが、今日までひまわりは日本の空の監視を続けています。

ひまわり1号の当時は、スピン衛星と呼ばれる独楽のように回転する衛星でしたが、現在では大型の衛星で「運輸多目的衛星」と呼ばれることからもわかるように、気象観測の役割だけではなく、航空管制のための役割も果たしています。また、当初は赤外画像と可視画像の大きく分けて2種類の画像しかありませんでしたが、現在は水蒸気画像と呼ばれる、上空の水蒸気の流れを知ることができる画像や、地上付近の霧や層雲を見分けることができる差分画像なども見ることができます。

昔は、衛星がなくても日本の南に台風が5個もある天気図が描かれるこ

気象衛星ひまわりが初めて使われたときの天気図と、その画像

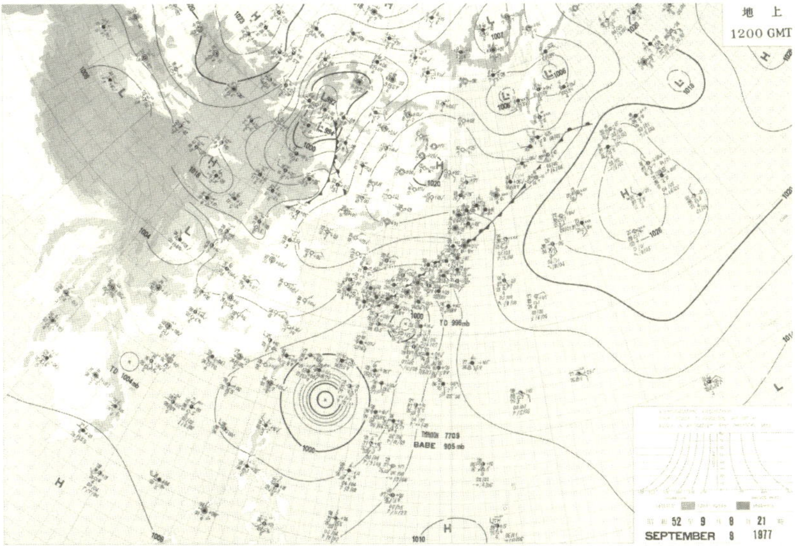

衛星写真には、日本上の前線と台風の位置が、明確に捉えられている

ともありましたが、今では気象衛星がなくなってしまったら、天気図を描くことは至難の業です。

機器の進歩と天気予報

天気予報が進歩するためには、気象学の進歩が欠かせないのは当然ですが、それに加えて通信や観測の機器の進歩が必須です。そもそも天気図が最初にフランスで実用化されたのは、その直前にモールス通信が発明され、広い範囲からデータを観測直後に集めることが可能になったからでした。その後、無線通信が可能になったために、海上の船舶からのデータを受信することが可能になり、天気図の範囲は海上にまで広がりました。

近年では、気象衛星、アメダス、レーダーが「天気予報三種の神器」と呼ばれる時代が続きました。今でこそ、雨量や気温、風向風速などが瞬時に集められるアメダスは当たり前のシステムで、気象庁以外でも同様な観測を行っている機関は数多くあります。しかしアメダスが始まった昭和47年当時は、画期的なシステムでした。

レーダーも、設置当初の昭和30年代には台風の位置を知るのに欠かせない手段で、今でも広い範囲の雨量強度を詳細に知るためには威力を発揮しています。これからは、雨に加えて風の状態を知ることができる、ウィンドプロファイラー、ドップラーレーダー、ドップラーライダーなどの機器が天気予報の未来を切り開いていくことでしょう。

POINT

- 昭和52(1977)年9月8日、静止気象衛星ひまわりの衛星画像が、初めて天気図に使用された。
- 現在のひまわりは赤外画像と可視画像のほかに、上空の水蒸気の流れを知ることができる水蒸気画像や、地上付近の霧や層雲を見分けられる差分画像なども見ることができる。

3-4 降水確率予報の開始

6月1日は気象記念日です。これは、1875年6月1日に、東京市赤坂葵町(現在の港区虎ノ門)で、東京気象台が気象と地震の観測を始めたことにちなんだものです。

降水確率予報は1980年の気象記念日から

気象記念日に当たるためか、はたまた、4月に始まった新年度が2ヶ月たって落ち着いてきた頃のためか、気象庁は6月1日に新たな業務を開始することが多いと言われています。1980年6月1日もそんな日の一つで、今では天気予報になくてはならない**降水確率予報**が、この日初めて東京都を対象に発表されました。

最初は、当日の15時から21時の6時間を対象に、1日1回だけ発表されていました。次ページの図はその日の天気図です。消滅する寸前の閉塞前線が関東地方に近づいており、雨の予報がなかなか難しい気圧配置になっていて、降水確率発表初日としては厳しい状況でした。

誤解される?　降水確率

降水確率が発表されるようになってからすでに25年以上経つことになりますが、未だにその内容については誤解が多いようです。

降水確率の厳密な定義は、「対象とされる領域内において、対象とする時間内にどの場所でも同じ確からしさで1ミリ以上の雨または雪の降る確率」です。対象となる領域が決められて、そのどこでも同じ確からしさですから、その領域は気候的に同じような地域で、領域内のある特定の場所の雨が降りやすかったり降りづらかったりすることはありません。

また、対象とする時間内に1ミリ以上降ればよいので、時間内（例えば6時間）ずっと雨が降っているか、短時間にざっと降るかは問いません。1ミリ以上の雨が降る確率なので、確率が高いということは大雨が降るということを意味していませんが、実際には確率が高いということは、低気

降水確率予報開始時の天気図

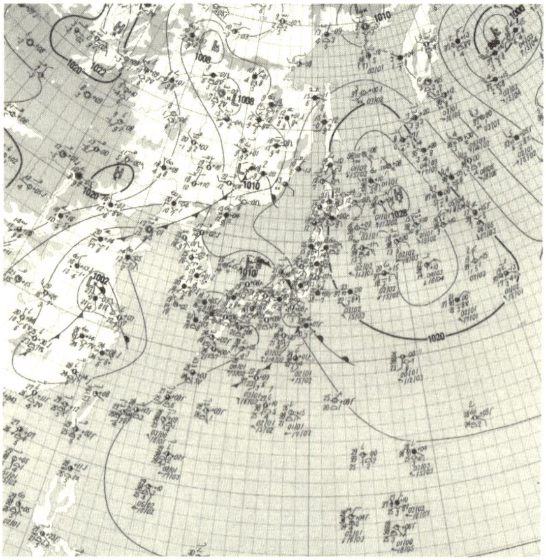

消滅する寸前の閉塞前線が関東地方に近づいている、雨の予報が難しい気圧配置だった

圧や前線などはっきりした気象現象が通過することを意味しています。したがって、結果として統計を取れば、確率が高いほうが降水量が多くなります。ただし、大気の状態が不安定になって、積乱雲から短時間に強い雨が降る場合は、雨の降る場所が限られた領域になるため確率が低くなりますが、雨が降った場所では降水量は多くなります。

降水確率が50%と発表されると「五分五分ということだから意味がない」と言う人がいますが、例えば東京の場合、1年を平均して6時間に1ミリ以上の雨が降るのは20%くらいですから、50%だと平均よりも30%も雨が降りやすいということになります。逆に20%の確率というと、いつでもそのくらい雨の降る可能性があるわけですから（これを**気候値**といいます)、情報としてあまり価値がないということになります。

気象庁では降水確率の事後評価もしていますが、その評価の方法には2種類あります。一つは、例えば70%と発表されたときに実際に70%の割合で雨が降っているかどうか、というものです。次ページの図は、平成19(2007)年の6～8月に発表された降水確率の精度検証を行ったものです。図の対角線を結ぶ直線に近いほど、正しい降水確率予報が発表されたということになります。ほぼ合っていますが、降水確率が低いときには実際に

降水確率の精度検証

24時間先までの降水確率予報の精度
（2007年6月〜2007年8月）

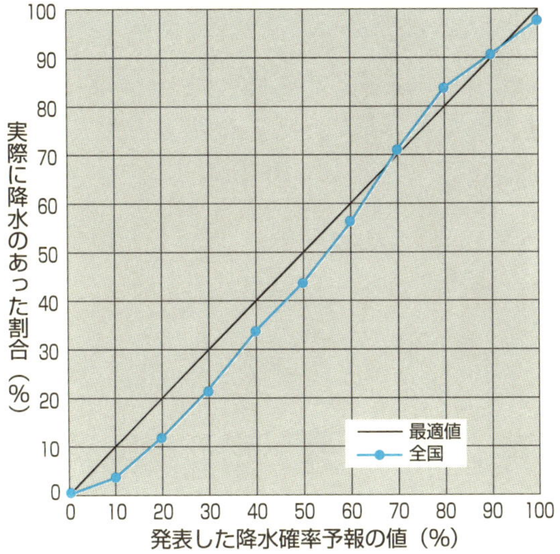

雨が降る場合がやや少なく、降水確率が高い場合は逆に雨の降る場合がやや多いことがわかります。いつもこのような結果になるわけではありませんが、これらは改善しなければならない点です。

もう一つは、100%や0%という確率が最も皆さんの役に立つので、いかにその値に近く予報を発表しているか、という評価です。例えば6時間を対象とした確率予報で20%と毎日発表していれば、前者の評価は高くなりますが、それでは意味がないために、後者の評価があるというわけです。

日本語には「十中八九」や「五分五分」「万が一」などの確率を表す慣用句があり、日本人はその概念に慣れているのだと思います。上手に降水確率を使ってほしいものです。

POINT

- 降水確率予報は1980年の気象記念日、つまり6月1日に開始された。
- 降水確率の厳密な定義は「対象とされる領域内において、対象とする時間内にどの場所でも同じ確からしさで1ミリ以上の雨または雪の降る確率」。

3-5 昭和57年長崎豪雨

昭和50年代に入ると、ダムによる水量調節、河川の改修などのハードインフラの整備が進んだとともに、気象情報の精度も高くなってきため、1000人を越える死者が出るような災害はなくなってきました。

災害が減ってきた矢先の水害

昭和50年代に入ると、年間の全ての災害による死者は200人程度になってきていました。そんなときに発生したのが昭和57（1982）年の長崎水害でした。

図は、大雨が降った昭和57年7月23日21時の天気図です。典型的な梅雨時期の気圧配置で、日本付近には梅雨前線が停滞し、九州北部の西には前線上の低気圧があります。この低気圧に向かって南西から流れ込む暖かく湿った空気のために、23日夜から九州北部では大雨となりました。

特に、長崎県では23日20時までの1時間に112ミリもの豪雨となり、この非常に強い雨はほぼ3時間続いて、22時までの3時間で、313ミリに達しました。1時間に100ミリの雨というのは、滝のような雨ですが、これが3時間も続いたために、各地で土砂崩れや洪水がしました。

狼少年と呼ばれて

この災害では長崎県で299人が犠牲になってしまいました。長崎県に警報・予報を発表する長崎海洋気象台は、大雨が始まる前の23日午後4時50分には大雨警報を発表していました。この豪雨災害の後、このような大きな被害が発生した原因として、気象庁の発表する情報に問題があったのではないかとの批判が出ました。

この年の7月は、九州には前線が停滞していたため、長崎県内にはこの豪雨の前に5回の警報が発表されていました。長崎県の各地ではそのたびに大雨が降っていたものの、長崎市内ではそれほどの大雨となっていませんでした。そのために市民の間で“狼少年効果”が起こり、油断してしま

昭和57年長崎豪雨の天気図

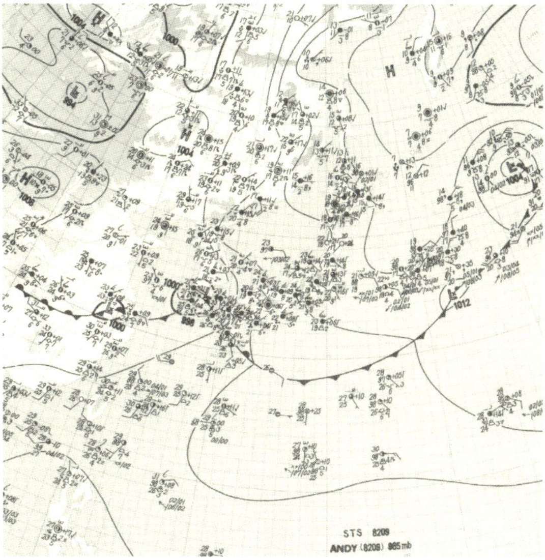

典型的な梅雨の気圧配置だが、299人が犠牲となる大きな災害となった

ったのではないか、との指摘がされたのです。

県内の市町村の避難勧告も遅れ、長崎市が避難勧告を出すことを決定したのは午後10時、NHKなどが災害の状況を伝え始めたのも午後9時を過ぎてからでした。市内の川が溢れ始めてからも、市内の飲食店で飲んでいた人達は、膝まで水に浸かっても避難することもなく、腰まで水が来てからようやく事態の重大さに気がついたという逸話も残っています。このため、報道機関や防災機関からは、大災害が発生すると予想された場合は、警報よりさらに強く警戒を呼びかける「スーパー警報」を発表するべきだとの意見がでました。

警報の改善を目指して

気象庁はそれまで、いかに正確な気象情報を発表するかということに力を注いでいました。この災害以降、それに加えて、どのような情報をどのタイミングで発表すると適切な避難行動に結びつくのかということを常に考慮して、気象情報の改善を図っていくことになります。気象庁はこの2

年後の10月から、非常に強い雨が降ったことを知らせる「記録的短時間大雨情報」の発表を始めています。また、警報が連続して発表されているときにも、どのような点に注意・警戒するべきかなどをわかりやすく簡潔に表示する「見出し的警告文」を警報の最初に記述することを始めました。また、局地的な豪雨がある場所とまったく降らない場所があることによって、警報の空振りが発生することから、昭和62（1987）年からは長崎県を4つの区域に分けて警報を発表し、狼少年にならないよう改善を進めました。

このような改善は、警報を直接受け取る自治体や報道機関に評価されましたが、災害の軽減に向けての改善はさらに続くことになります。

POINT

- 昭和50年代に入って災害が減ってきた矢先、昭和57（1982）年7月に長崎水害が起きた。
- 長崎水害以降、気象庁は警報の出し方について、より改善を図っていくことになった。

3-6 りんご台風

平成3（1991）年は、9月に台風17、18、19号の三つの台風が連続して日本に接近し、大きな被害を出しました。特に台風19号は、勢力が衰えずに日本付近を通過したために、大きな被害を出しました。

日本に強い風を吹かせるコースの台風

次ページの上の図は、9月27日9時の天気図で、中心気圧が935hPaと低く勢力を保ったままであることがわかります。このあと台風は急速にスピードを上げながら九州の西を通って、28日の9時には北海道に上陸しました。台風がこのコースを通ると、日本は台風の進行方向右側の風の強い領域に位置することになり、非常に強い風が吹きます。

27日は、長崎、広島、松江など最大瞬間風速が50m/sを越えるなど、この台風の通過に伴って、各地で最大瞬間風速の記録を更新しました。この強い風のため、各地で家屋の倒壊などの被害は発生したほか、九州の山地では多くの木々が倒されました。また、中国地方では強風で海水が飛ばされ、電線に付着して停電を引き起こしたり樹木を枯れさせたりするという、強風がもたらす二次災害である**塩害**も発生させました。

さらに、九州、四国、中国地方の沿岸では台風の強い風による吹き寄せ効果もあって、偏差が1mを越える高潮が発生しました。このため、広島にある日本三景の一つ「安芸の宮島」で有名な厳島神社では、重要文化財の「能舞台」など、数多くの文化財が被害を受けました。

りんご台風の被害は青森だけではない

次ページの下の天気図は、翌28日9時のものです。東北地方に接近してからは、特に青森県などで出荷のための取り入れ直前のりんごが木から落ちる被害が発生し、マスコミでも取り上げられて大きな話題を呼びました。このため、この台風をその後誰ともなく**りんご台風**と呼ぶようになりましたが、前述したとおり、西日本の被害が大きかったことを忘れてはい

りんご台風の天気図

▶9月27日9時

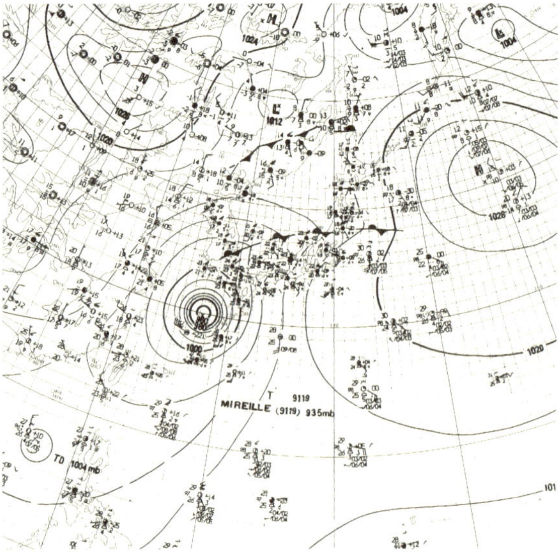

▶9月28日9時

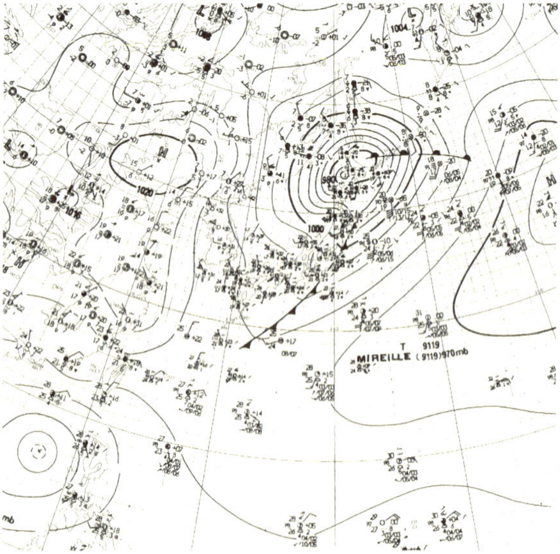

台風は北上して青森でりんごの被害を出し、"りんご台風"と呼ばれるようになった

けません。

1980年代の日本では、台風や前線による大雨の被害は数多く発生しましたが、風による大きな被害が少なかったために、気象関係者の間でも風

による被害についてそれほど強く意識されていませんでした。しかし、この平成3年の台風19号をきっかけに、台風が近づいた際の風についても注意が払われるようになりました。

風の場合、最近観測を始めたドップラーレーダーが配備されるまでは、レーダーで観測できる雨と違って広い範囲を詳細に調べる手段がありませんでした。また、風はビル風の例などでもわかるように、雨以上に局所的に強いところと弱いところが分かれます。台風の暴風域はあくまでも「風速25m/s以上の風が吹いていると思われる範囲」であって、暴風域の中ではどこでも強いわけではなく、また、一時的に弱くても風向が変わると風の通り道が変わって急速に強く吹くことがあります。このため個々の場所の予想は大変難しいので、早めの準備が必要です。

毎年のように台風が直撃する沖縄で、風による被害がそれほど多くないのは、台風が来ると頑丈な家の中に入って外出しないためです。一方、本土では油断しているのか、風が強くなってきてから屋根に上って修理をしていたり、外を歩いていて被害にあう人が必ずいます。

台風が自分のいる場所の西側を通るときには、早めに備えをして警戒することが大事です。

POINT

- 平成3(1991)年は、9月に台風17、18、19号の三つの台風が連続して日本に接近し、大きな被害を出した。
- 特に台風19号は、勢力が衰えずに日本付近を通過したために、大きな被害を出した。

3-7 那須豪雨

平成10 (1998) 年は、新潟、静岡、高知など、各地で豪雨災害が発生した年でした。中でも、8月26日から31日にかけて栃木県北部と福島県を襲った豪雨が、その代表です。

地形の効果も大きかった豪雨

平成10（1998）年の8月26日から31日にかけて栃木県北部と福島県を襲った豪雨では、日降水量が600ミリを越え、期間降水量が1200ミリに達するなど、その地方の平年の年間降水量の50%を越えるような豪雨が発生しました。こういった現象は、ここ数年数多く発生するようになったものです。

図は、栃木県那須町で最も強い雨の降った直前の、8月26日21時の天気図です。台風4号が日本の南海上にあって東に進んでおり、アリューシャン近海の低気圧から延びた前線は、関東地方北部にまで達しています。台風と前線とは1000km以上も離れており、衛星画像で見ても雲がつながっているようには見えません。しかし、解像度の高い可視画像で動画にしてみると、非常に小さな積雲が次々と北上しているのが見えます。台風と高気圧に挟まれた川のような流れができており、ここを暖かく湿った空気が次々と流れ込んでいるというわけです。

北関東には前線があるので、この暖かく湿った空気が前線によって強制的に上昇させられ、大雨が降ったと一見思われます。しかし、27日になって前線が北上しても大雨は続いたので、前線だけでなく地形の効果も大きかったと思われます。

谷が気流が流れ込むほうに開いていると、そこで空気は収束すると同時に上昇します。これが大雨をもたらす地形の効果で、那須豪雨の時にはこの大雨がまずは川の上流のほうだけで降ったために、下流にある那須町役場では、最初はどういう状況になっているのかわからないという事態になってしまいました。

那須豪雨の天気図と、その衛星画像

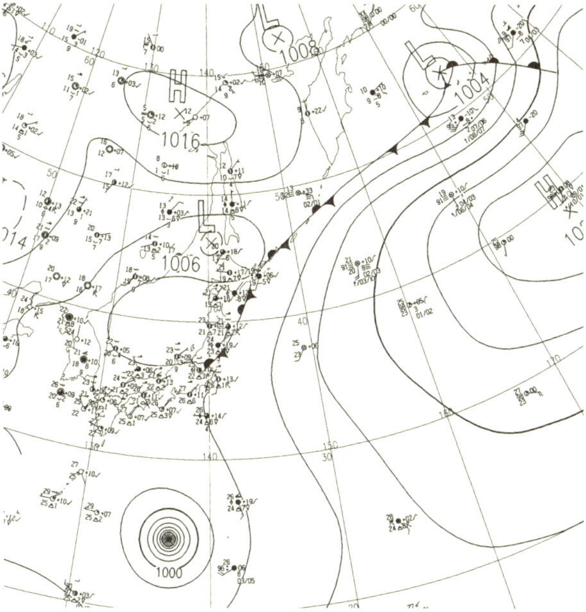

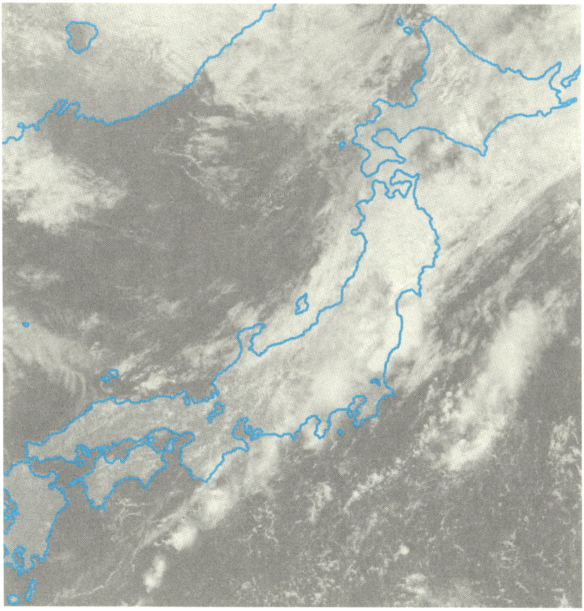

小さな雲が写るように精度を調整した衛星写真。関東地方の南海上の雲が次々と北上している（可視画像）

届かなかった情報

気象庁では昭和57年の長崎豪雨や昭和58年の山陰豪雨を受けて、情報が受け手にわかりやすいよう改善を続けていました。また、降水短時間予報の開始や数値予報の改善といった、技術の進展もありました。当時の宇都宮地方気象台の発表した数多くの警報・注意報や情報は、栃木県を通じて当時の那須町に届けられていました。

しかしながら、現場が混乱する中でどれが重要な情報か町が判別できず、FAXがそのまま見過ごされてしまうという状態でした。情報は受け手にその深刻さがきちんと伝わって、対応がとられて初めて価値を生むという当たり前のことが、この災害を通して改めて認識されたのです。

土壌雨量指数の誕生

土砂災害は短時間に強い雨が降ると発生しますが、その強い雨の前にどれくらい雨が降っていて地盤が脆くなっているかが問題です。このため気象庁では、地面にどれくらい雨が含まれていて土砂災害の危険性が高まっているかを示す**土壌雨量指数**という概念を取り入れ、この年には業務実験を開始していました。

その後、この指数についても改良を加え、那須豪雨の2年後の平成12年7月からは「過去数年間に最も土砂災害の起こる可能性が高くなっている」というフレーズをキーワードに、報道機関でもさらなる警戒を呼びかけるよう、警報を改善しました。

POINT

- 平成10(1998)年の、8月26日から31日にかけて栃木県北部と福島県を襲った豪雨は、那須豪雨と呼ばれる。
- この年に業務実験が開始されていた土壌雨量指数は、その後改良を加えられ、警報も改善した。

3-8 弱い熱帯低気圧

平成11（1999）年の夏は、太平洋高気圧の勢力が弱かった上に、関東近海の海面水温が平年よりも高く、台風がはっきりと転向することなくふらふらと北上するなど、熱帯低気圧が通常とは違う動きをする年でした。

"弱い"の意味するもの

次ページの図は、8月14日9時の天気図です。この日は、関東のすぐ南で発生した熱帯低気圧が関東地方に接近したため大雨となり、埼玉県秩父市では日雨量が400ミリ近くに達し、荒川の水位が上がり危険な状態になりました。また、神奈川県中央部でも昼までに200ミリを越える大雨となり、大雨洪水警報が発表になりました。そんな中、お盆休みを玄倉川の川原で過ごしていたキャンパーが増水する川の中に取り残され、ついには流されるという大変痛ましい事故が発生しました。

その様子は生放送でテレビ中継され、世の中の人々に大きなショックを与えたため、気象庁の発表する情報に問題はなかったのかという指摘がなされました。新聞には「最も恐ろしい熱帯低気圧を『弱い』とは何事だ」という投書も掲載されました。

2-9（→p.74）で書いたとおり、熱帯低気圧と温帯低気圧は性質が違うだけで、どちらかのほうが必ず強いということはありません。"弱い"熱帯低気圧といっても、風が弱いだけで大雨のポテンシャルは台風と同じようにあります。「弱い熱帯低気圧」と呼ぶことで安心させてしまうのではないか、という懸念が生まれました。

分類を変更することに

結果として、気象庁は平成12（2000）年から「弱い熱帯低気圧」と呼ぶことをやめ、単に「熱帯低気圧」と呼ぶことになりました。ただ、この呼び方は、熱帯低気圧という大きな分類名の中に、さらに同じ名称の小さな分類名があるということになり、科学的には非常におかしなものです。

平成11（1999）年8月14日9時の天気図と、熱帯低気圧の分類

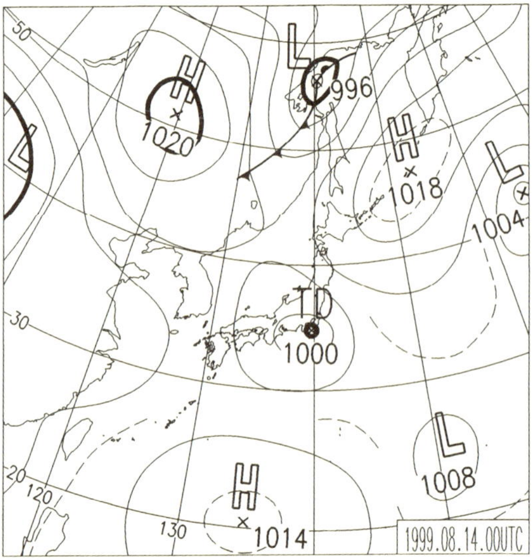

▼熱帯低気圧の強さの表現（kt はノット）

風速	17kt 未満	17kt 以上 34kt 未満	34kt 以上 48kt 未満	48kt 以上 64kt 未満	64kt 以上 85kt 未満	85kt 以上 105kt 未満	105kt 以上
国内向け	低圧部	熱帯 低気圧	台風		強い台風	非常に 強い台風	猛烈な 台風
船舶向け	Low Pressure Area	Tropical Depression	Tropical Storm	Severe Tropical Storm	Typhoon		

▼台風の大きさの表現（新旧比較）

強風（１５ノット）半径	200km 未満	200km 以上 300km 未満	300km 以上 500km 未満	500km 以上 800km 未満	800km 以上
新	—			大型 （大型）	超大型 （非常に大きい）
旧	ごく小さい	小型 （小さい）	中型 （なみの大きさ）	大型 （大型）	超大型 （非常に大きい）

あえて科学的分類を無視して、災害を減らすことを意識して作った分類ということになります。また、これにあわせて、同じように油断を生むのではないかということから、従来は使われていた「小さい」「中型」といった分類もやめてしまいました。上の表は、熱帯低気圧の強さを分類したもので、下の表は、台風の1999年までの分類と、2000年以降の分類の比較です。

この変更後でも、あくまでも「強い」「大きい」という用語は、風の強さや強風域の大きさといった風の要素が基準です。よって、雨の強さに関しては全く考慮していないので注意が必要です。これはもともとこの分類が、海上警報などの海上の船舶に注意・警戒を促すための情報に使われていることが原因です。船舶はどんなに大雨が降っても影響はありませんが、風速により危険度が大きく異なるため、風の分類に関しては古くから定められて使われているというわけです。表には、主に船舶向け情報に使われる熱帯低気圧の分類も記載してあります。

ところで、玄倉川で事故にあわれた方々は、「弱い熱帯低気圧」ではなく「熱帯低気圧」と天気予報で言われていれば、事故にあわなかったのでしょうか。あの事故では、娘さんを抱えて必死に対岸に泳ぎ着いた一人のお父さんがいました。一度、あのときのお話を伺ってみたいものです。

POINT

- 平成11(1999)年夏の痛ましい水難事故をきっかけに、気象庁は平成12(2000)年から熱帯低気圧の分類を変更し、「弱い熱帯低気圧」という名称は使用されなくなった。

3-9 新潟・福島豪雨

平成16（2004）年は、数多くの台風が上陸しただけでなく、梅雨前線による大雨のために、大きな被害もありました。特に7月に入ってから、日本海側の地方に大雨被害があったのが特徴です。

自治体によって対応に大きな差が出た豪雨

平成16（2004）年は、7月12日から13日にかけて、新潟県・福島県では日雨量300ミリを越える大雨となったほか、17日から18日にかけても福井県で大雨が降りました。

新潟・福島豪雨では、特に新潟県三条市、見附市、中之島町の付近を流れる五十嵐川と刈谷田川の堤防が破壊されたり、水が溢れたりして、大きな被害が発生しました。このときの市・町の避難勧告のタイミングやその広報の方法が自治体によって大きな差があり、対応が遅れた自治体は強い非難にさらされました。また、逃げ遅れた高齢者世帯では、2階に病人を運ぶこともできず、痛ましい被害が発生しました。このため、この災害を契機に、避難勧告の基準を事前に決めておくこと、高齢者のためには避難勧告を発表する前に「避難準備情報」を発表すること、などが内閣府からガイドラインとして発表されました。これに対応して気象庁では、避難準備情報と避難勧告に対応するような警報・情報の発表方法を検討し、一人でも多くの人の命が救えるよう、改善につなげています。

図が、7月13日9時の天気図です。この頃、1時間70ミリを越える非常に強い雨を新潟県の各地で観測しました。中国から朝鮮半島を通って南東北まで梅雨前線が延びており、典型的な梅雨末期の天気図です。前線の南側には温かく湿った空気の速い流れがあり、西から大量の水蒸気が新潟付近に運ばれています。この時間の気象衛星写真を見ると、西側がとがった**テイパーリングクラウド**（taper: とがった）、もしくはにんじん状雲と呼ばれる雲が発生していることを確認できます。この雲は大雨の時にはよく現れる雲です。

新潟・福島豪雨の天気図と、衛星画像

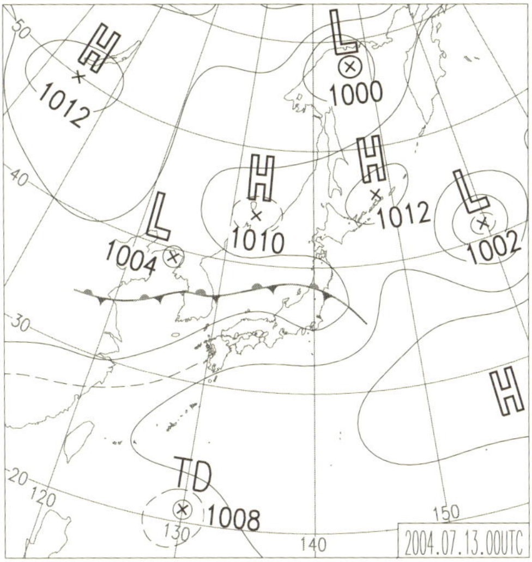

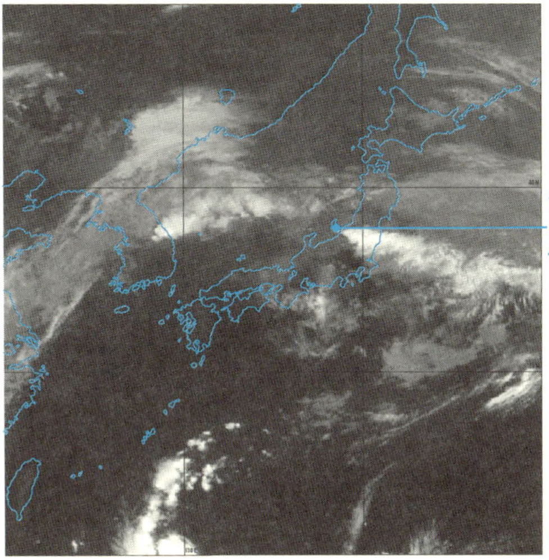

（赤外画像）

バックビルディング型の積乱雲の生成

次ページの図は、この時間のレーダー画像です。西が細く東側に広がっていて、海上で積乱雲が発生し、それが陸地まで伸びて大雨をもたらしていることがわかります。この雲列の西端はそのまま風に流されて東へ進むように思えますが、実際にはまるでここが湧き出し口であるかのように、次々

この時間の雨量変化

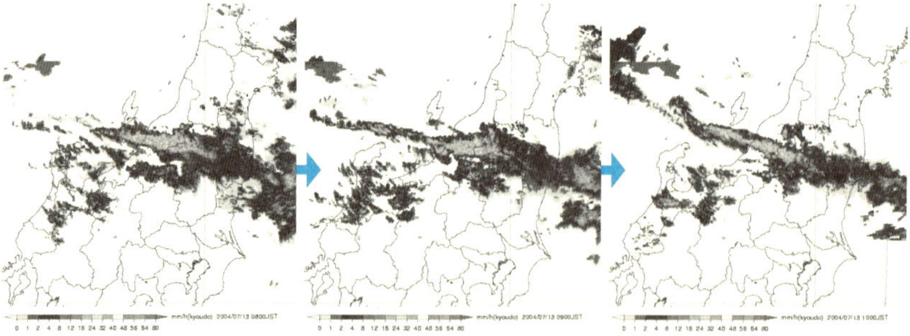

▲7月13日8時　▲9時　▲10時

と積乱雲が発生したため、その西側では強い雨が続いたのでした。

このように流れの下流側ではなく上流側に次々と積乱雲が発生するものを、**バックビルディング型**の積乱雲の生成と呼び、近年の積乱雲列による大雨の多くの例は、このような型で発生することがわかってきました。ただ、陸地のように山がある場合には、同じ場所で次々と積乱雲が発生するのは、地形による強制上昇が原因であることは簡単に想像できますが、そのような強制力がない海上の同じ場所で、どうして次々と積乱雲が発生するのかは、数値シミュレーションでは再現できても、その理論はまだよくわかっていません。

今後、気象庁の発表するさまざまな情報が住民の避難に直接的に有効に活用されるとともに、なぜこのような現象が発生するのかを明らかにすることが期待されています。

POINT

- 平成16(2004)年7月の12日から13日にかけて、新潟県・福島県では日雨量300ミリを越える大雨となった。これを新潟・福島豪雨と呼ぶ。
- バックビルディング型の積乱雲の生成が観測され、近年の積乱雲列による大雨の多くの例はこのような型で発生することがわかってきている。

3-10 ポプラ並木台風

平成16（2004）年は台風の“当たり年”でした。年間の発生数こそ29個と、平年の26.7個よりもやや多い程度でしたが、日本への接近数は19個と過去最多タイ記録、そして観測史上最多の10個の台風が上陸しました。

観測史上最多上陸

平成16（2004）年に上陸した台風の中でも、16号では瀬戸内海で観測史上最大の高潮が発生し、大きな被害を出しました。また、23号では近畿地方で大雨となり、川が増水して立ち往生したバスの上で乗客たちが夜を明かしたことなどが、報道でも大きく取り上げられました。

風による大きな被害をもたらしたのは、9月5日から8日にかけて日本付近を通過した台風18号でした。この台風は、沖縄本島付近を5日に通過した後、東シナ海を北上し、九州北部に上陸しましたが、すぐに日本海に抜け、北上して北海道の西に至るというコースを取りました。このため、台風はほとんど陸地の影響を受けることなく、発達した勢力を衰えさせずに移動しました。

沖縄・九州の各地で50m/sを越える最大瞬間風速を観測したほか、広島では60.2m/s 、札幌では50.2m/sという過去最大の瞬間風速を観測しました。この強い風により、各地で建物の損壊や倒木被害、飛んできた物で怪我をするなどの被害が発生しました。札幌では、北海道大学構内のポプラ並木が根こそぎ倒れたことが大きく報道されました。その他にも、海岸にかかっていた大きな橋が破壊されるなどの被害も発生し、いかに風が強く、またそのために高い波が立っていたかがわかります。

次ページの上の図は、台風が北海道に近づいた9月8日9時の天気図です。天気図をよく見ていただければわかりますが、閉塞前線が台風の中心にまで達していて、すでに台風ではなく温帯低気圧に変わっていることがわかります。この後、この低気圧の中心気圧は960hPaまで下がりました。つまり、温帯低気圧化しただけでなく、それに伴って再発達をしたというこ

平成16（2004）年台風18号と、洞爺丸台風の天気図

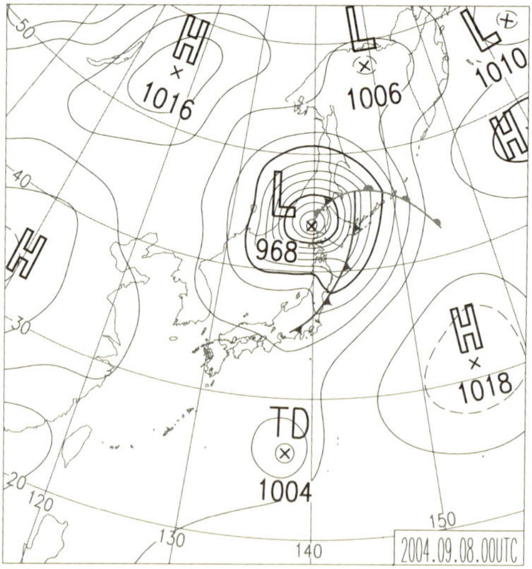

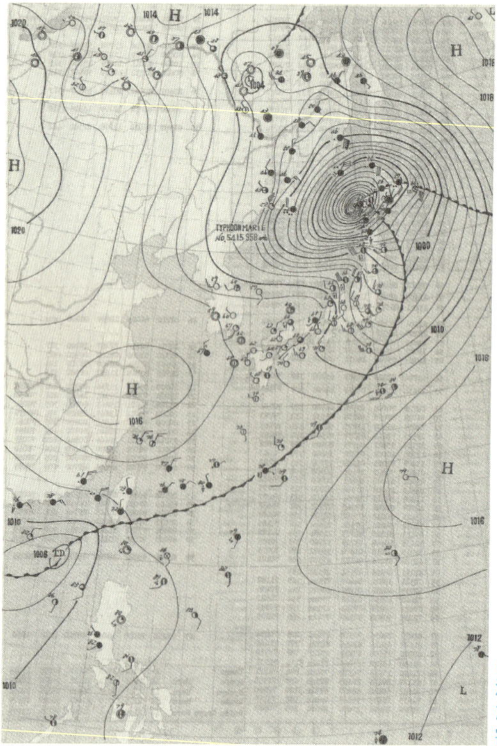

どちらも台風が温帯低気圧化したものによる被害だった

とになります。このようなときには、非常に強い風が、台風であったときよりも広範囲で吹くことが多く、大変危険です。すでに高齢で痛んでいた北大のポプラ並木は、この強い風にひとたまりもなく倒れてしまったのです。

洞爺丸台風も温帯低気圧の災害だった

下の天気図は、上の天気図ととてもよく似ています。これは、昭和29(1954)年9月26日21時の天気図です。北海道の西にある低気圧も台風から変わった低気圧ですが、このときも北海道の南西部では50m/sを越える最大瞬間風速を観測しました。

函館港では青函連絡船「洞爺丸」が座礁し、タイタニック号沈没に次ぐ、世界の海難史上第2位の被害者を出す海難事故が発生しました。これが気象庁が定める**顕著自然現象**の第1号、**洞爺丸台風**です。つまり、実は、洞爺丸を座礁させたのは、台風ではなく温帯低気圧だったということになります。

「ポプラ並木台風」というのは筆者の造語で、気象庁では平成16年第18号台風を顕著自然現象にも指定していませんが、温帯低気圧化する台風の被害を記憶するために普及してくれれば、と思っています。

POINT

- 平成16(2004)年は、台風の日本への接近数は19個と過去最多タイ記録、そして、観測史上最多の10個の台風が上陸した。

3-11 都市河川洪水

都市化が進むことは、便利な面が増えるだけとは限りません。天気の観点から考えると、今までになかった災害を引き起こす可能性が出てくるのです。ここでは都市における洪水被害を取り上げます。

雨水が染み込まないことによる洪水被害

図は、平成17（2005）年9月4日9時の天気図です。本州を横切る形で低気圧から伸びる前線が停滞しています。一方、大型で非常に強い台風14号が、沖縄の南東海上にあって北東に進んでいます。

もうすでにこの本を読み進んできた方は、このような気圧配置になれば、台風の東側では暖かく湿った空気が北上して日本の太平洋側に流れ込み、前線によって上昇気流が発生し、どこかで大雨が降る可能性が高いということは、すぐに想像がつくようになっていることでしょう。想像通りこの日から翌日の朝にかけて、本州から九州にかけての各地では短時間に強い雨が降り、特に東京や埼玉では非常に強い雨になりました。アメダスでは気象庁のある大手町で24時までの1時間に66ミリが最大でしたが、東京都の観測する杉並区下井草では21時50分までの1時間に112ミリ、練馬区石神井では22時30分までの1時間に107ミリとなり、数時間で200ミリに達する局所的集中豪雨となったのでした。

この大雨のため、都内では1500軒もの床上浸水被害が発生したほか、京王井の頭線が冠水、神田川は危険水位を超えて住民が避難するなど、東京を中心に大きな被害が出ました。

都市化が進んだ住宅地では、路面が全てアスファルトやコンクリートで覆われてしまっているため、雨水が地面に染み込まなくなり、降った雨は地面の上を流れて全て河川に流れ込みます。このため、短時間に強い雨が降ると道路が川のようになったり、河川の水位が急速に上がるなどの現象が発生します。このような洪水対策として、東京都では環状7号線の地下に神田川と善福寺川の水を取り込む調節池を建設し、平成19年度に完成

都市洪水被害時の天気図と、当時の雨の状況

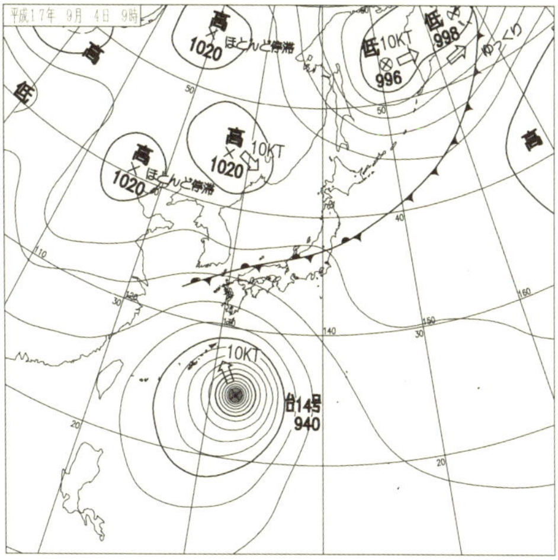

▼東京都杉並区下井草の雨の状況
（9月4日18時～5日6時）

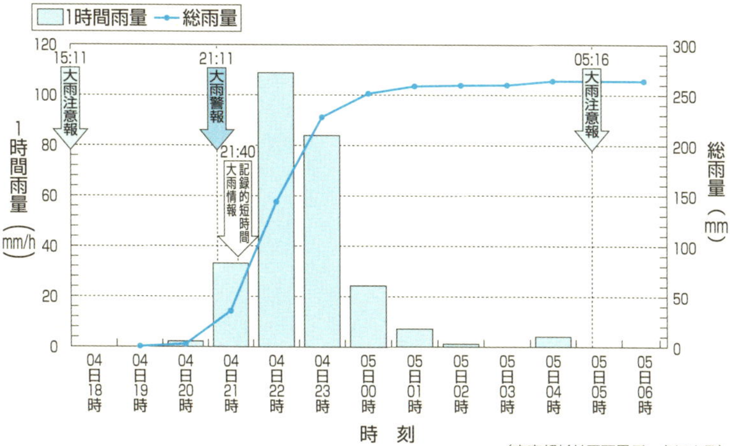

（東京都杉並区雨量データによる）

しましたが、これも1時間に50ミリ程度の降水が限度で、100ミリを超えるような短時間の強い雨から街を守ることができません。

地下空間も要注意

また、都市の洪水被害として最近問題となっているものに、地下室、地下街の被害があります。この問題が取り上げられるきっかけとなったのは、

平成11（1999）年6月29日に梅雨前線が活動が活発化して発生した福岡水害でした。JR博多駅近くの御笠川が氾濫して駅付近に水が達し、ビルの地下にあった飲食店に流れ込みました。当時、川が氾濫した情報は駅付近のビルには伝わらず、すぐに水は引くと思っていた従業員の方が亡くなってしまいました。異常に気がついたときには水圧でドアが開かなくなってしまって発生した悲劇でした。

東京などの都会では、地下空間が有効に利用されていますが、水は必ず下のほうに流れていきますので、地下は洪水時には非常に脆弱です。また、テレビ・ラジオやインターネットなどで情報が溢れる現代ですが、地下街や住宅街の局所的な場所における雨の様子や水が流れ込んでいる状況などは、ほとんど把握されず、情報が流れることはありません。情報入手と情報伝達の手段を、事前に決めておく必要があるといえるでしょう。

地球温暖化に伴って、短時間に強い雨の降る回数が増えてきているとも言われています。都市はこのような雨に弱いということをあらためて考える必要があります。

POINT

●都市化が進んだ住宅地では、路面がアスファルトなどで覆われて雨水が地面に染み込まず、全て河川に流れ込むため、都市河川洪水を引き起こすことがある。

●都市化による洪水被害は、地下空間も要注意。

3-12 平成18年豪雪

台風や梅雨前線による大雨などよって、大きな災害などが発生したときに、その原因となった気象現象に気象庁が名称をつけることになっています。それを「顕著自然現象名」と呼びます。

昭和38年豪雪と平成18年豪雪

地震火山を除く気象現象を対象とした**顕著自然現象名**は平成20年1月現在21ありますが、その中に、豪雪が付くものには二つしかありません。それは昭和38年豪雪と平成18年豪雪です。近年、地球温暖化が進み、暖かな冬が多く現れるようになっていたので、久々のこの大雪は、日本海側の各地に大きな影響を及ぼしました。

平成18（2006）年豪雪の特徴の一つは、本格的な冬を迎える前の平成17(2005)年12月から強い寒気が入り、全国各地で大雪となったことです。12月としての最新積雪の記録を作った観測所が合計で106箇所にも上りました。特に、新潟県津南町では、12月27日に3メートルを越え、29日には324センチにも達しました。

このため、山間部では家が雪の重さに耐えられず倒壊したり、雪崩が発生し道路や鉄道が不通になるなどの被害が出ました。さらに、痛ましかったのが、山間部は老人世帯が多いために、老人が自ら雪下ろしをすることが多いので、その最中に屋根から落下したり、雪に埋められるだけでなく、心臓発作などで亡くなる方もいたことでした。

次ページの天気図は、低気圧が日本付近を通過し、輪島の上空約5200mに-40.5℃の強い寒気が入ってきたときの天気図です。輪島の上空約5700mの気温が-30℃よりも下がると大雪の目安ですので、この気温は超第一級の寒気ということが言えます。このような強い寒気が繰り返しやってきたことが、この年の大雪の大きな原因です。

また、大雪の原因として、もう一つ大きな要素に海面水温があります。日本海の海面水温は8月に最高になりその後徐々に下がって3月に最低に

平成18（2006）年豪雪の天気図と、その気象画像

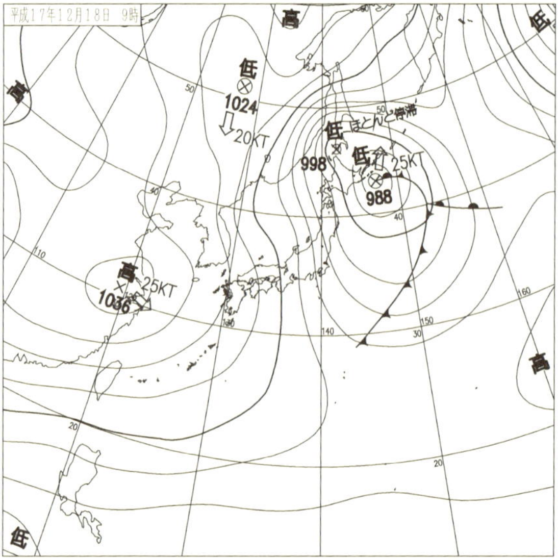

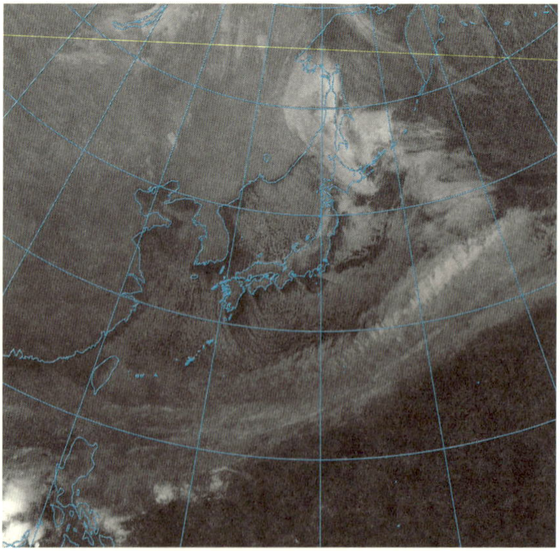

雪雲が山の低い部分を通って、日本海から太平洋に抜けているのがわかる（赤外画像）

なります。このため12月はまだ下がりきっておらず、例えばこの年の12月の輪島付近の海面水温は15℃程度もありました。大雪を降らす積乱雲は海面からの熱と水蒸気の補給を受けて発達するので、同じ寒気がやって

きても、海面水温が高いほど大雪が降ることになります。強い寒気がやってくるのが3月だったとしたら、これほどの大雪にはならなかったでしょう。

太平洋に抜ける雪雲

この天気図の翌日の12月19日も強い冬型の気圧配置が続き、太平洋側の都市である名古屋でも18日午後から19日朝にかけて雪で、23cmもの積雪を観測しました。雪を降らせる積乱雲は、そもそも上から下まで冷たい安定した気団の中で発生するので、それほど背の高い雲ではありません。せいぜい2000～3000mくらいです。このため、山があると雲は山を越えることができないので、山の風下ではすぐに雪がやんでしまいます。

ところが、若狭湾から関が原を通って名古屋付近にかけては、山の低いところがあり、この隙間を抜けて積乱雲が通ることができるような風向になると、太平洋側でも雪が降ることになります。このように降雪を予報するときには、風向の予想が非常に重要です。同じような寒気が入っても、予想する地点が山の風上側になるのか、山の影響を受けない位置にあるのかを常に考慮する必要があります。

POINT

- 顕著自然現象名のうち豪雪が付くものは、昭和38年豪雪と平成18年豪雪。
- 大雪の原因には、上空に強い寒気がたびたび入ってくること、海面水温が高いこと、などがある。

3-13 発達する温帯低気圧

現在の天気予報は、数値シミュレーションを元に予報が作成されています。この数値シミュレーションを実行するのに欠かせないのが、気象庁のスーパーコンピュータです。

スーパーコンピュータは予測できていた

次ページの天気図は、平成18（2006）年10月8日9時の天気図です。北海道の南東海上に中心気圧968hPaの非常に発達した低気圧があって、ゆっくり東に進んでいます。この低気圧のため、北海道から関東地方の太平洋側にかけて、強いところでは25mを越える台風並みの強い北から北東の風が吹きました。また、各地で日雨量200～300ミリの大雨となり、普段それほど大雨の降らない地方で降ったため、洪水や浸水などの被害が出ました。

さらには、強い風により北海道の太平洋側では9mを越える高波となったほか、低い気圧と吹き寄せられる波のため、道東地方の沿岸では偏差が1メートルを越える高潮も発生しました。この低気圧は、短い時間で急速に発達するタイプであったため、特に関東、東北地方の海上の情報が間に合わず、東北地方の沿岸や関東地方の沿岸でも漁船の座礁やプレジャーボートの事故を引き起こしました。長野県や岐阜県の山では、低気圧の後ろ側に流れ込む寒気のために山岳遭難も発生しました。

このように被害をもたらした低気圧でしたが、実はこのように低気圧が発達する状況は、前々日の10月6日には予想されていました。天気図の下の図は10月6日9時を初期値としてスーパーコンピュータで48時間後の10月8日9時の気圧配置を予想したものです。

10月6日9時には、まだこの低気圧は関東地方の南で発生したばかりであり、中心気圧は984hPaしかない上に南には熱帯低気圧があって温帯低気圧としては崩れた形をしていました。これがほとんど真北に進みながら

平成18（2006）年10月8日9時の天気図と、その予報図

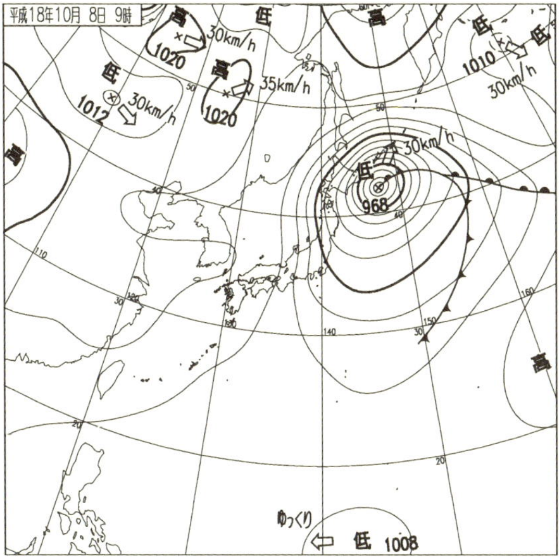

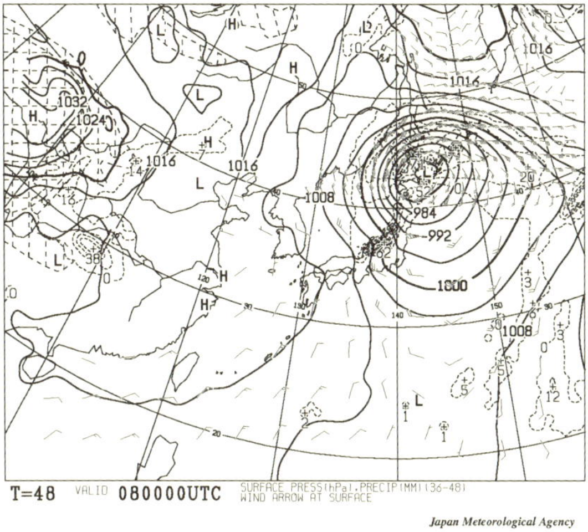

低気圧の位置など、予想の精度が高かったことがわかる

急速に発達して、北海道のすぐ東まで進むという予想は、予想を見た時点では俄かには信じがたいものがありました。しかし48時間が経過してみると、確かにほぼこのとおりの予想気圧配置になったというわけです。

数値予報の進歩

このように、コンピュータを使った数値シミュレーションにより気圧配置を予想することを**数値予報**と呼びます。昔は実況の天気図から数値計算を使わずに予想気圧配置を考えており､いわば「図予報」であったわけで、それに対する言葉だと思います。

具体的な方法は、地球を取り巻く大気を水平方向と垂直方向に格子状に区切り（ジャングルジムのようなものを考えてください）、その格子点ごとに気圧、風向風速、温度、湿度などをまず計算します。この格子点上のそれぞれの値は物理方程式を使って、数分後にどのくらい変化するかを計算できるので、それを求めます。さらにその数分後…と計算していくと、翌日や翌々日の格子点上のそれぞれの値がわかる、つまり翌々日の気圧配置や温度分布などがわかるというわけです。

この数値予報は、日本では筆者の生まれた昭和34（1959）年から始まっており、開始された当初はコンピュータの能力が低かったために、細かな計算や色々な要素をとりれることができずに精度も悪く、予報官たちもあまり当てにしていませんでした。しかし今回の例でもわかるとおり、現在ではかなり困難な状況でも、正確に予想できるようになりました。

POINT

- コンピュータを使った数値シミュレーションにより気圧配置を予想することを数値予報と呼ぶ。現在ではかなり困難な状況でも、正確に予想できるようになった。

3-14 佐呂間の竜巻

平成18（2006）年11月7日の午後、亡くなった方が9名という、日本の気象災害史上記録に残る竜巻災害が北海道佐呂間町で発生しました。

Fスケール3の竜巻

竜巻の強さを表すには、Fスケール（藤田スケール）という強さの分類が使われます。Fスケールを考案したのは、当時シカゴ大学教授だった藤田博士でした。

佐呂間の竜巻は、被害状況を調査した結果、日本国内では過去2度しか報告されていないFスケール3であったことがわかりました。Fスケール3では、風速は70～92m/sと推定され、それによる被害は「壁が押し倒され住家が倒壊する。非住家はバラバラになって飛散し、鉄骨づくりでもつぶれる。汽車は転覆し、自動車が持ち上げられて飛ばされる」とされています。確かにこのとき、佐呂間では自動車が持ち上げられて移動した形跡があり、プレハブの事務所はばらばらになって飛散し、住家が倒壊しました。ばらばらになった重さ10キロを越えるパネルが、はるか15kmも離れたところまで飛ばされたことが確認されました。これは、非常に強い上昇気流が発生していたことを示します。竜巻は、積乱雲が発生しているときに生ずる強い上昇流によってできます。水を入れた一升瓶などを逆さまにして水を出そうとするとき、ゴボゴボと出すと時間がかかります。ところが、瓶を回して中の水を回転させて出すとスムーズに流れ出ていきます。つまり、強い上昇流が発生しているときに効率的に空気を上に運び上げるのには、回転した竜巻が好都合というわけです。

竜巻対策の先は長いか

次ページの図はこの日9時の天気図です。北海道の北にある低気圧から南西に延びる寒冷前線が北海道を通過中です。佐呂間湖で竜巻が発生したのは、寒冷前線が通過する直前の、強い南西の風が吹いているときでした。

佐呂間の竜巻の天気図と、積乱雲の追跡図

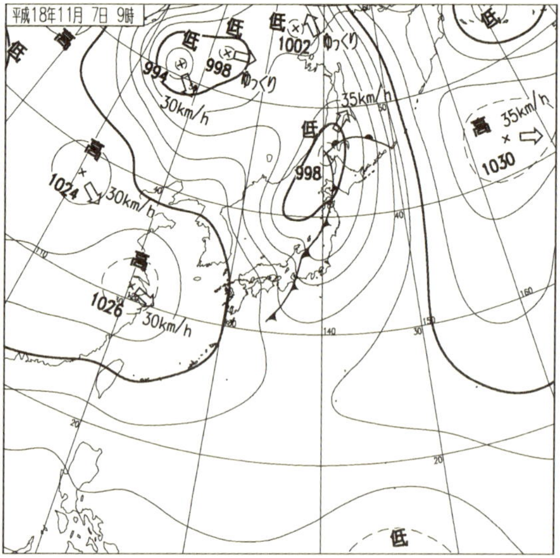

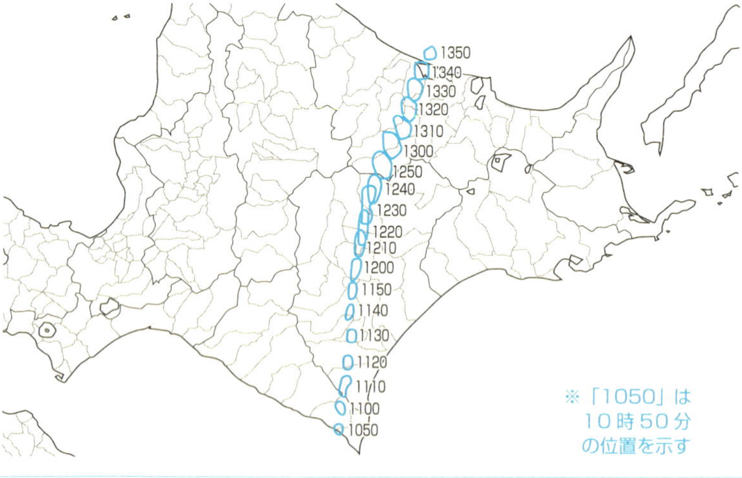

※「1050」は
10時50分
の位置を示す

もちろん、この規模の天気図は水平スケールが数百キロ以上、時間スケールで数日続く気象現象を表すために用いるものであり、水平スケールがせいぜい数十メートル、時間スケールが数分の竜巻の発生を予想することはもちろん、解析することもできません。竜巻の発生する原因にはいくつかありますが、その一つにスーパーセルと呼ばれる、発達した積乱雲の塊が回転しながら進む際に発生する場合があります。通常、一つの積乱雲は発

生してからせいぜい1時間程度で消滅してしまいますが、スーパーセルの場合は数時間も持続し強い雨や時には雹を降らせます。

佐呂間で竜巻が発生した時、レーダーでは非常に発達した積乱雲が観測されていました。この積乱雲がいつから発生していたのかをさかのぼって調べてみたのが、天気図の下の図です。積乱雲は午前中には日高上空にあり、それが徐々に北上しついには佐呂間まで達したことがわかります。この積乱雲はさまざまな調査により、スーパーセルだった可能性が高いことがわかりました。

気象庁では、この災害をきっかけに、ドップラーレーダーと呼ばれる広い範囲の風向風速がわかる機器を、北海道に導入することにしました。ただ、このドップラーレーダーでも竜巻そのものは規模が小さくて判別することができず、その原因の一つであるスーパーセルの動きを知ることができる程度です。竜巻の的確な予想への道のりは始まったばかりで、まだまだ険しいものがあります。

POINT

- 竜巻の強さを表すには、Fスケール（藤田スケール）という強さの分類が使われる。
- 竜巻は規模が小さいために判別が難しく、竜巻の的確な予想への道のりは、まだ始まったばかりである。

3-15 史上最高気温更新

地球温暖化がしばしば言われる現在、史上最高気温の記録更新は気になるニュースです。ここでは史上最高気温の原因について、天気図を見ながら考察してみましょう。

74年ぶりの最高気温記録更新

2枚の天気図のうち、上の図は昭和8（1933）年7月25日の天気図です。台風が日本海にあるために南から暖かい空気が東北地方に運ばれている上に、山形市では西にある朝日岳などの山を越えた気流によるフェーン現象も発生し、40.8℃という日本最高気温を記録しました。この頃はアメダスもなく、気象台や測候所の数もその後増えているので、現在なら同じ気圧配置でも他の場所でもっと高い気温が記録されているかもしれません。

この記録は、長いこと抜かれることがありませんでしたが、2007年8月16日、埼玉県熊谷と岐阜県多治見で40.9℃を記録し、74年ぶりに最高気温の記録が更新されました。このときの気圧配置が下の天気図です。上の図とはうって変わって、本州付近は高気圧に覆われ、前線のかかっている北海道を除いて広く晴れ渡っています。

この日、最高気温の記録を更新した原因にはいくつかあります。一つは、この年の8月は連日高気圧に覆われて晴れ、気温の高い状態が続いていたことです。気温の高い状態が続いていると、最低気温が下がらないために、当日太陽が出てから気温が上がり始めるときの気温が高く、結果として最高気温も高くなります。

二つ目は、弱い気圧の谷が関東の南に抜けたために、埼玉県でも岐阜県でも北西の風に変わりました。このため、山越えの気流により弱いながらもフェーン現象が発生したことが原因と思われます。もちろん、背景として、地球温暖化もありますし、特に都市においては都市化によるヒートアイランド現象が発生し、最高気温と共に最低気温も上がっていることがベースの気温を上げる原因になっていることは確実です。

史上最高気温更新時の天気図

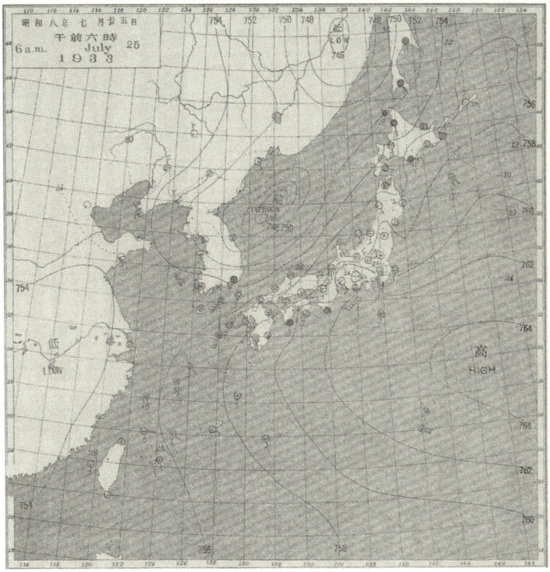

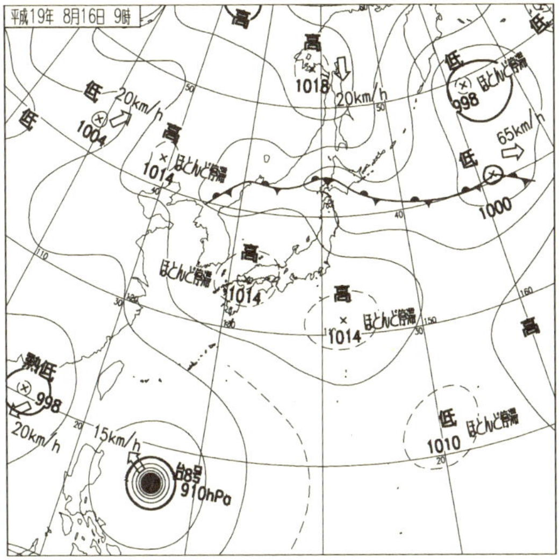

二つのフェーン

山形も熊谷、多治見も、最高気温の記録の原因にはフェーン現象があると書きました。このフェーン現象には大きく分けて二つの種類があります。

一つは、湿った空気が山の風上で斜面を上昇するときには、雲が発生し雨となり、その際に熱が発生します。その熱を持ったまま山の風下を下降してくるために、気温が高くなるフェーンです。山形の場合は、詳しい資料がありませんので推測でしか言えませんが、台風が近づいていることから暖かく湿った空気が運ばれていることが推測され、この湿った空気のフェーンだったのではないかと思われます。

もう一つの種類のフェーンは、乾いた空気が斜面を下降してくるために発生するフェーンです。大気が安定な状態の場合、100m上がるごとに約0.6 ℃下がりますが、乾燥した空気を引きおろすと100mで約1℃上がります。このため、山を下降する空気があれば、必ず温度が上がります。熊谷と多治見で発生したフェーンは、この乾いた空気のフェーンであったと思われます。

全くの偶然ですが、「猛暑日」という用語を制定した年に発生したこの記録、都市化が進んだ現在では、再び抜かれる日が近いかもしれません。

POINT

- 2007年8月16日、埼玉県熊谷と岐阜県多治見で40.9℃を記録し、74年ぶりに最高気温の記録が更新された。
- 最高気温の記録の原因にはフェーン現象がある。

気象災害の過去と現在

図は、昭和20（1945）年から平成18（2006）年までの自然災害による死者・行方不明者の数をグラフにしたものです。自然災害全てを対象としているので、大雨や暴風といった気象災害のみならず、地震、津波、火山による被災者の数も含まれています。平成7年が突出しているのは、阪神・淡路大震災によって6千名を超える方が亡くなったためです。ただ、その他のかなりの部分は気象災害を原因としています。

この図を見ると、昭和30年代前半までは毎年のように1000人以上の方が亡くなっています。これは、ダムや堤防などのいわゆるインフラが整備されていなかったことが大きな原因ですが、気象の観測技術や予測技術がまだ未熟だったことも要因の一つです。台風が発生・接近していることも知ることができなかったり､大雨の状況の把握も困難でした。このため、発達した台風が日本付近を通るたびに、大雨によって河川は決壊し、高潮は堤防を越えて大きな被害を発生させていました。

昭和30年代後半から昭和40年代を迎えると、日本は高度経済成長期を迎え、インフラはかなり整備されてきました。このため、自然災害によ

自然災害被害者数のグラフ

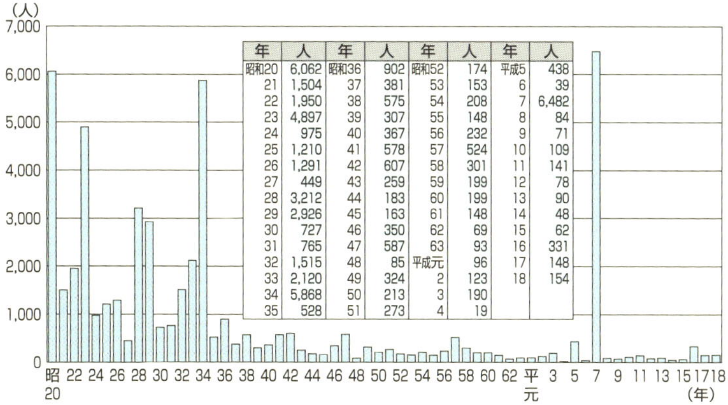

年	人	年	人	年	人	年	人
昭和20	6,062	昭和36	902	昭和52	174	平成5	438
21	1,504	37	381	53	153	6	39
22	1,950	38	575	54	208	7	6,482
23	4,897	39	307	55	148	8	84
24	975	40	367	56	232	9	71
25	1,210	41	578	57	524	10	109
26	1,291	42	607	58	301	11	141
27	449	43	259	59	199	12	78
28	3,212	44	183	60	199	13	90
29	2,926	45	163	61	148	14	48
30	727	46	350	62	69	15	62
31	765	47	587	63	93	16	331
32	1,515	48	85	平成元	96	17	148
33	2,120	49	324	2	123	18	154
34	5,868	50	213	3	190		
35	528	51	273	4	19		

資料　昭和20年は主な災害による死者･行方不明者（理科年表による）。昭和21～27年は日本気象災害年報，昭和28～37年は警視庁資料，昭和38年以降は消防庁資料による。

注）　平成7年の死者のうち，阪神･淡路大震災の死者については，いわゆる関連死912名を含む。平成18年の死者･行方不明者数は速報値。

る死者・行方不明者はぐっと減り、1000名を超えるようなことはなくなりました。天気予報もレーダー、アメダスが整備され、台風が日本に近づく様子が刻々と捉えられるようになるとともに、大雨の分布も詳細にわかるようになってきました。

昭和50年代はなぜか台風の上陸が少ない年が続きました。代わって災害をもたらす大きな原因となったのが、梅雨前線などに伴う集中豪雨でした。3-5(→p.108)に書いたように、長崎豪雨や山陰豪雨といった災害が発生し、それに対応するためにレーダーアメダス合成図や後に続く各種の雨量指数が開発され始めました。さらに予報の正確さに加えて、警報・注意報の発表のタイミングや用語の使い方など、気象情報の「中身」が問題にされるようになった時代と言うことができると思います。

昭和60年以降はインフラはほぼ整い、台風などが接近しても亡くなる方は多くても10人程度と非常に少なくなりました。数値予報の進歩もあり、大規模な気象現象の予想も正確になりました。そうすると災害をもたらす現象は、非常に狭い範囲に降る、数値予報では予報できないような集中豪雨や、竜巻、落雷といった非常に局所的な現象となってきています。気象庁ではこれらを捉えるために、さらに詳細な現象を捉える観測網を整備しつつありますが、確実にこれらを把握するのは容易ではありません。また、寿命が短い現象であるために、発生したらすぐに警報を発表するということも求められます。これには、発表技術だけではなく、どのように国民の皆さんに伝えるかということも重要な問題です。

さらに、大きな問題と思われるのは、このようにインフラが整備され、災害の発生が少なくなったために、国民の一人ひとりが台風や大雨などを軽く見る風潮が強くなっていることです。最近の気象災害では、台風が来ているのにサーフィンをした、海に波を見に行ってさらわれたといった事故や、お年寄りが畑を見に行ったら側溝に落ちた、屋根の修理をしていて飛ばされたという被害が多くなっています。これは、日本の高齢化、過疎化とも無関係ではありません。

これからの気象情報は、いかにこのような事故・災害を減らすかが、大きな課題だと言うことができるでしょう。

確認テスト 気象災害

問題 我が国の気象災害に関して述べた下記の①～⑤の記述の中から、誤っているものを一つ選べ。

①台風による高潮災害は、潮汐の変化に気圧の低下による海面の上昇や、強風による吹き寄せ効果が加わって発生する。

②雹《ひょう》による災害は、秋から冬にかけて多く発生し、初夏から盛夏期にかけてはほとんど発生しない。これは、夏は気温が高いため雲中の雨粒が氷にまで成長できないことによる。

③多雪地域では春先に、それまで積もっていた雪が気温の上昇や雨で融け、大雨などの異常な現象がなくても、地滑りや崖崩れなどの土砂災害や、浸水や洪水などの災害が起こることがある。

④都市化の進行や都市構造の変化により、都市部では地下空間への浸水などの新しい形の災害が発生している。

⑤大規模な地震や火山噴火の後には、大雨とはいえない程度の少ない降水によっても、山崩れや崖崩れが発生することがあるので、大雨注意報・警報の基準値を暫定的に下げて運用している。

【第14回（平成12年度第1回）専門・問15】

答えは→P.196

第4章

仕事で使う、専門天気図の読み方

より深い理解のために

前章までは、普段テレビや新聞で毎日目にすることのできる天気図について説明してきました。気象庁の予報官や気象会社の気象予報士はこのような天気図のほかに、もっといろいろな図を使って天気予報をしています。特に、気象現象は平面ではなく立体的な構造を持っているので、上層の大気の状態や鉛直方向の温度変化などを知ることが非常に重要です。

この章ではそのようなプロが使う天気図について説明しています。最近はインターネット上にいろいろなホームページがありますので、このような専門的な資料も手に入れることができるようになってきました。ぜひ、プロの資料を読めるようになって、天気図の世界を広げてください。

4-1 国際式天気記号

天気記号は学校の授業でも習うので、皆さんきっと目にしたことがあると思います。しかし、その見慣れた天気記号とは違った、国際基準の天気記号があることはご存じでしょうか。

プロが使う天気記号

現在、日本では、中学校で気象の学習をすることになっています。この時に天気記号も学習しますが、たとえば霧の天気記号は黒丸の右下にカタカナの「キ」を書くことなどからわかるように、この記号は日本国内だけで通用する「国内式」です。

一方、プロの予報官たちは「国際式」を使っています。例えば、気象庁ホームページの「天気図」ページを見ると、いつもテレビや新聞でおなじみの天気図のほかに「実況天気図（アジア）」という天気図を見ることができます。

この天気図に描かれている記号を見ると、中心の丸の中は黒丸や雪のマークとは違う見慣れない形になっていますし、その周りには供え餅のような形のマークや、逆二等辺三角形のマークなどが描かれています。これが、**国際式天気記号**です。省略せずに全て描くと、現在天気、風向風速、気圧だけでなく、気温、露点、気圧変化傾向、視程、下層雲量、下層・中層・上層の雲形、そして過去天気までわかるようになっています。

国際式は何が違うか

図は、国際式天気記号を観測地点の上にどのように描くかを示したものです。風速は風力ではなく、風速がノット単位で（短い矢羽一つが5ノット、長い矢羽一つが10ノット）描かれます。気圧、気温などは値そのものが数字で記載されますが、現在天気や雲形などは記号で描かれます。

その記号のいくつかも、あわせて示しました。雨や雪のマークは国内式とほぼ同じです。霧雨や雷は国内式とかなり違いますが、何となく雰囲気

国際式天気記号

N　：全雲量
PPP：海面気圧
±PP：気圧変化量（一の位と小数点第一位を表示）
a　：気圧変化傾向
TT　：気温
TdTd：露点
VV　：視程
WW　：現在天気
W_1　：過去天気
h　：下層の雲底の高さ
C_L　：下層雲の種類
C_M　：中層雲の種類
C_H　：上層雲の種類
N_h　：下層雲の雲量

▼現在天気の主な記号

▼雲の主な記号

▼全雲量の記号

雲量の記号										
雲量(8分量)	なし	1以下	2	3	4	5	6	7	8	不明
雲量(10分量)	なし	1以下	2〜3	4	5	6	7〜8	9〜10	10(隙間なし)	不明
天気	快晴		晴れ					曇《くも》り		

▼風速の記号

が出ていますね。雷の稲光を模した矢印は、見たものをそのまま表したように見えます。雨や雪が強く降っている時は、このマークを二つ、三つと並べて描きます。また、雨と雪を縦に並べて描いたものは雨と雪が同時に降る天気、つまり「みぞれ」です。雨や雪のマークの下に逆二等辺三角形を書くと、それはしゅう雨性の降水（積雲など対流性の雲から降っている）であることを示します。天気に関しては、砂じん嵐や煙霧などのマークもありますが、日本付近で現れることはまれなので、ここで挙げたマークを覚えておけば、天気はほぼ理解することができるでしょう。

もう一つ、代表的な雲のマークを示したのがその下です。お供え餅のような形は見た目でわかると思いますが積雲です。この餅が一つだけ描かれたマークだと発達していない積雲、餅の上に金床のような形を描くと、かなとこ雲のある積乱雲ということになります。ステッキを横にしたような記号は、やはり形がこれに似ているかぎ状の巻雲で、メガネのような記号は、地上から見ると丸みをおびた細胞状の形が見える高積雲です。このように、雲の記号も見かけから類推できるようになっています。

天気図を自分で描いてみるのが第一歩

天気図上に描かれたこのような天気記号を見ながら、詳しい天気分布や雲の分布、気温と露点の差、気圧変化傾向などを読み取り、等圧線を引いたり前線を描いたりすることが、予報官となるための仕事の第一歩です。

天気図について理解を深めようと思ったら、ラジオ気象通報を聞いて、他人が描いた等圧線をなぞるのではなく、まずこの天気記号から自分で描いてみることをお勧めします。

POINT

- プロの予報官たちは、国際式天気記号を使っている。
- 国際式天気記号では現在天気、風向風速、気圧だけでなく、気温、露点、気圧変化傾向、視程、下層雲量、下層・中層・上層の雲形、過去天気までわかるようになっている。

4-2 アジア太平洋天気図

現在、気象庁予報課では、東経80度〜西経160度、赤道〜北緯70度付近の非常に広い範囲に渡る天気図を、予報担当者の人手を介して描いています。これを「アジア太平洋天気図」と言います。

コンピュータ化されたのは意外に最近

　アジア太平洋天気図は、日本時間の3時、9時、15時、21時に描かれます。この時刻は、協定世界時（UTC、世界標準時）のそれぞれ18時、0時、6時、12時にあたり、日本だけではなく世界中の気象台や測候所で一斉に観測を行う時刻です。大気に国境はないので、地球をとりまく大気の状態を知るには、世界中が一斉に観測を行う必要があります。基本的に世界中で発表・交付され、国際的に交換される気象情報や天気図では、この協定世界時を使って時刻を表すのが普通です。

　アジア太平洋天気図は、第二次大戦後すぐの昭和21年から描かれていて、それらは全て国立公文書館に保存されています。もちろん最初のころは鉛筆で描かれていましたが、それは近代になっても意外と長く続き、コンピュータ化されたのは平成8（1996）年3月からでした。

低気圧の予報円が見られるのはこの天気図だけ

　次ページの図が、ある日のアジア太平洋天気図です。等圧線と共に、台風や低気圧、高気圧の中心位置、前線が描かれています。低気圧と高気圧については、移動方向とその速度が記入されています。移動速度はノットで表されているためにピンと来ないかもしれませんが、ノットは地球上の移動を考える時には便利な単位です。1ノットは1海里/時で、1海里は緯度1分ですから、20ノットということは1時間に20海里＝緯度20分、6時間で120分＝2度進むことになります。つまり、低気圧の速度が20ノットであれば、その低気圧は、6時間後（次の天気図が作成される時間）には、緯度にして2度だけ進行方向に進んでいると予想できるわけです。

アジア太平洋天気図

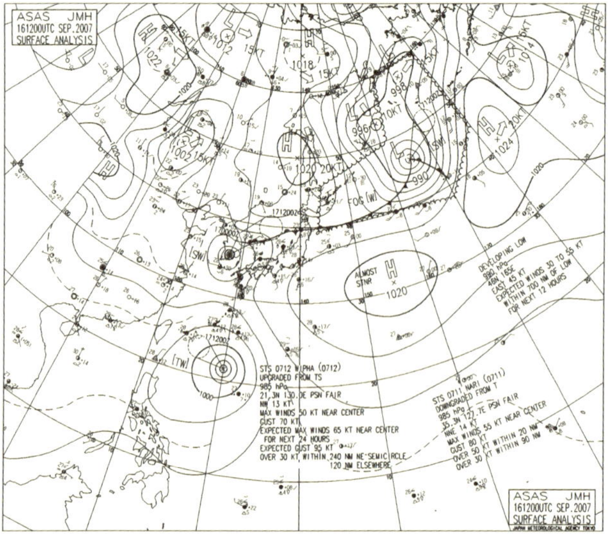

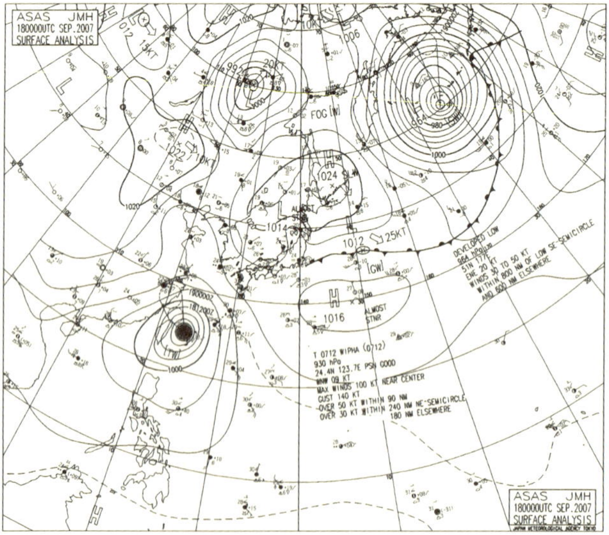

低気圧の予報円も見ることができる

台風や、非常に発達して風速25m以上の暴風を伴う低気圧については、進行方向・速度だけではなく、その低気圧の最大風速、24時間後の予想位置などが記入されます。台風の予報円は台風情報などでお馴染みですが、低気圧の予報円が見られるのはこの天気図だけです。

各地の観測データの記号は、前節で説明した国際式です。船舶から通報のある海上の観測データは天気図に記入されているよりももっと多いのですが、あまり多いと見づらくなるため、陸上と同様にかなり間引きされて記入されています。

この天気図は海洋上を航海する船舶において使用されることを大きな目的の一つとしています。このため、気圧配置に加えて強風や霧、着氷危険域、流氷分布といった、船舶の航行に大きな影響を与える気象現象の情報も描かれています。低気圧や台風の近くにある[GW]や[SW]という記号は強い風に関する警報のマークで、GWは強風警報（Gale Warning)、SWは暴風警報（Storm Warning）が発表されていることを示します。波線で囲まれたFOG[W]と描かれている領域では、霧のため見通しが悪くなっていることを示しています。冬になると、オホーツク海では流氷の領域に、千島近海などでは気温が下がり風が強くなると着氷の可能性が高い領域に、マークが描かれます。

これがテレビなどで見られる天気図の原図ということになります。

POINT

- 東経80度～西経160度、赤道～北緯70度付近の非常に広い範囲に渡る天気図を、アジア太平洋天気図と呼ぶ。
- テレビなどで見る天気図の原図になっている。

4-3 高層天気図

第3章まで、たくさんの天気図を掲載しましたが、これらは全て「地上天気図」と呼ばれる地表付近の気圧配置図でした。ここからは、それよりも上層の天気図を取り上げ、解説していきます。

上空を理解するための天気図

地球は非常に薄い大気に覆われています。地球の半径は6700kmありますが、地上の天気に大きく関係する現象が発生する**対流圏**と呼ばれる大気の層は、せいぜい15km位しかありません。いわば、大気という海が地球を覆っている状態です。その海の底に人類は生きていて、その底の状態を知るのが地上天気図というわけです。

そのため、この大気の海の状態を知るためには、海の底ではなく海の中、つまり地上だけではなく、上空の状態がどうなっているのかを知る必要があります。その上空の状態を表したものが**高層天気図**と呼ばれる上空の天気図です。

等高度線が重要

上空の風向・風速、気温、湿度、気圧を状態を知るには、ラジオゾンデと呼ばれる、風船に観測機器を釣り下げた機械を使います。気温と湿度、気圧はそれぞれ周りの空気を取り込んで、観測する機械が直接その値を出します。しかし風向・風速は風速計がついているわけではなく、風によってラジオゾンデが流されるので、その位置を追跡することにより風の向きと速さを計算によって求めます。このため、ある層の風速は、風船がその層を上昇しながら通る時に平均して吹いている風を測ることになります。

また、上昇しながら風で流されるので、厳密に観測点の真っ直ぐ上空の値を観測しているわけではなく、上空に行くにしたがって風下の場所の観測をしていることになります。ただ、上空へ行くほど地上の地形の影響がなくなるため、多少離れていてもそれほど観測値は大きく違わないので、

高層天気図における高度と気圧の関係

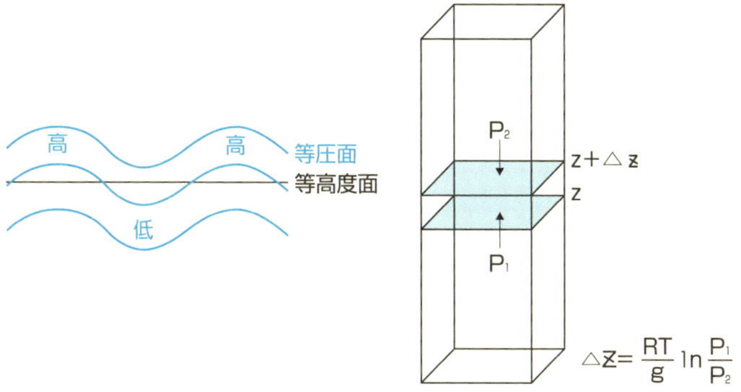

天気図上ではそのまま観測点の上に記入してあります。

地上の天気図では、同じ高度（標高0m）における同じ気圧の地点を結ぶ等圧線が描かれていますが、上空の天気図では古くから、同じ高度における等圧線ではなく、同じ気圧場における**等高度線**が描かれています。この理由は明らかではありませんが、地上では高度が確実で、そこにおける気圧が計算で求められるのに対し、ラジオゾンデで直接的に測るのが気圧であり、そこから計算によって求められるのが高度であるためと、筆者は考えています。描く線が等圧線、等高度線と違いますが、図の左を見るとわかるとおり、等高度面上で気圧の高い場所は等圧面上で高度の高い場所に対応するので、結果として等高度線で囲まれた高度の低いところが低気圧、高いところが高気圧ということになります。

また、図の右のような気柱を考えた場合、高度は測高公式と呼ばれる次の式で求められます。

$$\triangle z = \frac{RT}{g} \ln \frac{P_1}{P_2}$$

R: 気体の状態定数　T: 平均気温　g: 重力加速度

最近であれば、高度のわかるGPS機能のついたラジオゾンデがあり、直接的に高度を測定することができますが、現在でもこの公式が使われています。

POINT

- 高層天気図は、上空の状態がどうなっているのかを知るための天気図である。同じ気圧場における等高度線が描かれている。

4-4 850hPa高層天気図

高層観測では、上空の大気の状態を連続的に観測し、気温や湿度が急激に変化した高度などの値を通報することになっていますが、そのほかに、特定の気圧面の値も必ず通報することになっています。このため、この特定気圧面の高層天気図を描くのが一般的です。

地表や海面の影響がない

図は850hPa高層天気図です。日本付近での高度はおおよそ1500mになります。ちょっとした高い山と同じくらいで、地表や海面の摩擦や熱の影響のなくなる一番下の高さに匹敵します。実線が等高度線、破線が等温線、ハッチされた部分は気温と露点の差が3℃未満の領域、つまり湿度の高い領域を示しています。高層観測地点のある場所にはその地点の気温、露点、風向、風速（ノット単位）がプロットされています。

Lは気圧の低いところ、Hは気圧の高いところを示しますが、等圧線が閉じていない場所もあり、必ずしも低気圧や高気圧のある場所ということではありません。等高度線の間隔は60mです。一方、等温線の間隔は夏は3℃、冬は6℃で、Cは気温の低いところ、Wは気温の高いところを示します。おおよそ南のほうが温度が高く、北のほうが温度が低いですが、かなり複雑な分布をしていることがわかります。

AのLマークは台風に対応しています。台風は周りを全て暖かい空気で囲まれており、中心付近ほど気温が高くなっているので、台風の周りには等温線がほとんど描かれず、中心付近にはWのマークが記入されています。

一方、BのLマークは温帯低気圧に対応しています。温帯低気圧の前側には温暖前線が、後ろ側には寒冷前線があるので、左右に等温線が混んだ領域があります。気団の境界である前線面は上空に行くに従って気温の低いほうに傾いていますから、地上の前線はこの等温線の混んだ部分の南の端に対応することになります。また、風はほぼ等高度線に沿って吹くので、低気圧の前側ではこの等温線を横切るように南から北へ風が吹いており、

850hPa高層天気図

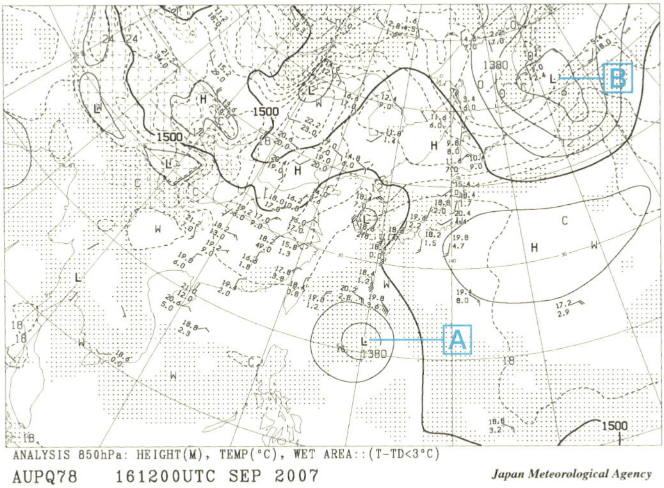

後ろ側では逆に北から南へ等温線を横切って風が吹いていることがわかります。これは、低気圧の前側では暖かい空気が北へ、後ろ側では冷たい空気が南へ運ばれていることを示します。温帯低気圧は気団の温度差をエネルギー源とし、その温度差を解消する作用があると1章で述べましたが、この天気図を見ると、まさにその作用が働いていることがわかります。

湿舌は結果であって原因ではない?

梅雨前線が日本付近にあるときには、この高度の天気図において、前線の南側に舌の先のような形をした湿った領域が見られました。これを「湿舌」と呼び、湿りがこの高度で流れ込んで大雨をもたらしているという説明がしばしばなされていました。しかしながら、最近では、もっと下層で流れ込んだ湿りが大気が不安定になることによって上空に運ばれて、それが結果として現れているのが湿舌であって、大雨の原因ではないということがわかってきました。天気図を見る時には、そこに表されているものが原因なのか、結果なのか、同時現象なのかを意識して見る必要があります。

POINT

- 850hPa高層天気図は、地表や海面の摩擦や熱の影響のなくなる、一番下の高さに匹敵する。

4-5 500hPa高層天気図

前節では850hPa高層天気図を紹介しましたが、この節ではそれより上層の天気図、対流圏のちょうど真ん中あたりの高さである、500hPa高層天気図を解説します。

低気圧、高気圧の移動を予想

図は、500hPa高層天気図です。季節によって変わりますが、日本付近での高度はおおよそ5700mになるので、対流圏のちょうど真ん中あたりの高さということになります。対流活動では、下層で収束した空気が上空に運ばれて対流圏と成層圏の境界面（圏界面）で発散し、逆に上層で収束した空気は下層に運ばれて発散しますので、500hPa面はそれらの収束・発散の少ない面です。このため、大気の流れが保存されるため、低気圧や高気圧の移動を予想するのに使いやすい高さということになります。500hPa高層天気図が使われるのにはそういう意味があります。

850hPa高層天気図と同様に、実線が等高度線、破線が等温線を示します。この高さまで来ると、水蒸気量は少なくなるため、湿度の高い領域は描かれていません。高層観測地点のある場所にはその地点の気温、露点、風向、風速（ノット単位）がプロットされています。等高度線の間隔は60mです。一方、等温線の間隔は夏は3℃、冬は6℃です。ほぼ南のほうが温度、高度ともに高く、北のほうが温度高度ともに低くなっていることがわかります。この高度になると、風は地形の影響はほとんど受けないので、気圧傾度とコリオリ力がつりあった風（地衡風）が吹いています。天気図を見ると、南北に蛇行はしていますが、ほぼ西から東に向かって風が吹いていることがわかります。これが偏西風です。

蛇行のうち、気圧の低い部分が南に突き出している部分が上空の気圧の谷、気圧の高い部分が北に突き出している部分が上空の気圧の尾根です。発達中の地上の低気圧の中心は気圧の谷の少し東側に、高気圧は気圧の尾根の少し東側に位置しています。それは、天気図の下の図のように、地上低気

500hPa高層天気図と、低気圧の立体構造

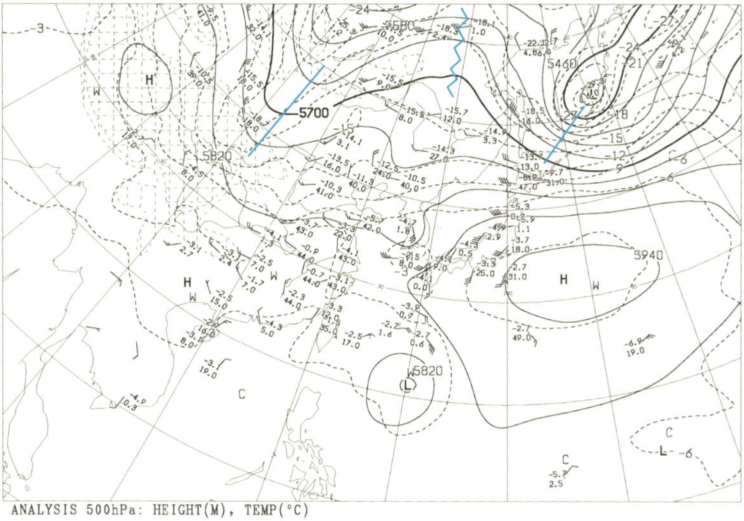

ANALYSIS 500hPa: HEIGHT(M), TEMP(°C)

―― が気圧の谷、〰〰 が気圧の尾根

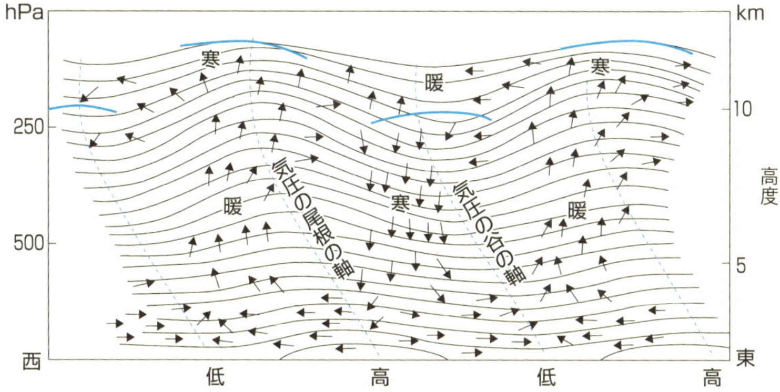

圧のすぐ上には南からの暖かい空気が流れ込んでいるために密度が低くなり、同じ気圧面であれば高度が高くなります。このため、結果として気圧の谷は上へ行くほど西へ傾くということになります。この気圧の谷と尾根は長期間に渡って西から東へ移動していくので、気圧の谷の進行速度を知ることにより、いつ頃日本付近に気圧の谷がやってくるのかが、おおよそわかります。数値予報が発達する前には、この方法が最も確実な天気予報の方法でした。

500hPa高層天気図における切り離し低気圧の例

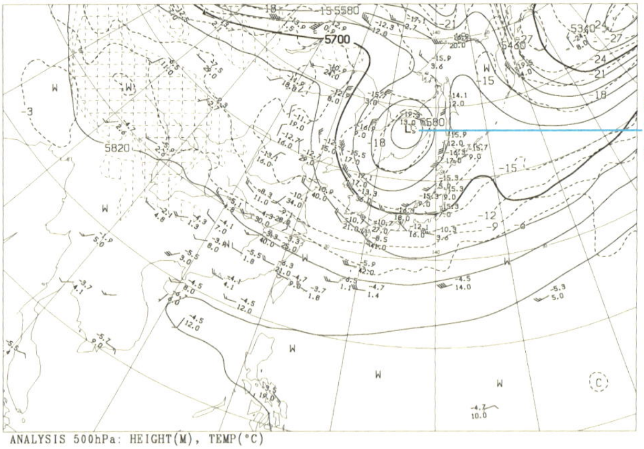

ANALYSIS 500hPa: HEIGHT(M), TEMP(°C)

上空の寒気がわかる

ずいぶん以前から、冬型の気圧配置の際に大雪の指標として、「輪島の上空の気温が−30℃を切ると大雪」などと言われています。それはこの500hPa高度の気温です。最近では輪島の上空だけではなく、この高度の等温線がNHKの気象情報の解説などで使われるようになりました。−30℃だけでなく、平成17〜18年の豪雪の際などには、寒気が強いために−36℃といった線も描かれましたが、−35℃の線が使われないのは、この天気図で6℃おきに等温線が描かれているためです。

地上にはっきりした低気圧がなくても、上空に冷たい空気を伴った低気圧がやってくることがあります。これは**切り離し低気圧**、**寒冷渦**などと呼ばれていて、気象解説では「上空に寒気が入って不安定」などという表現が使われます。地上の天気図だけを見ていてその存在に気づかなくとも、500hPa高層天気図を見ると、流れから切り離された閉じた等圧線の低気圧の中心に、気温が低いことを示すCのマークも記入されているので（本書の図では多少判別しにくいですが）、一目でそれとわかります。

POINT

- 500hPa高層天気図は対流圏のちょうど真ん中あたりの高さにあたり、低気圧や高気圧の移動を予想するのに使いやすい高さである。

4-6 300hPa高層天気図

850hpa、500hPa高層天気図に続き、300hPa高層天気図を解説します。それぞれ高層天気図ごとに、何を見るか、押さえておくべきポイントがあることをしっかり理解しましょう。

ジェット気流がわかる

次ページの図は**300hPa高層天気図**です。季節によって変わりますが、日本付近での高度はおおよそ9600mです。対流圏の上層の流れを知る天気図ということになります。実線で等高度線が描かれているのは850hPaや500hPaと同じですが、破線は等風速線を示しています。等温線は描かれていませんが、同じ値の温度が点々と描かれていて、これを結ぶと等温線を引くことができます。高層観測地点のある場所にはその地点の気温、風向、風速（ノット単位）がプロットされています。等高度線の間隔は60mです。等風速線の間隔は20ノット、等温点の間隔は6℃です。

次ページの図は、前節の最初の500hPa高層天気図と同じ時間の天気図です。比較すると大きな気圧の谷や尾根の位置はほぼ同じですが、小さな谷が消えて滑らかな曲線になっているのがわかります。また、流れに沿って、等高度線の間隔の狭いところに強風の帯があるのがわかります。これがジェット気流です。この高さでもほぼ地衡風が吹いていますので、気圧傾度が急なところ、つまり等高度線の間隔が狭いところにジェット気流が吹いていることが一目瞭然でわかるというわけです。

ジェット気流は強い時には風速200ノット（約100m/s）にも達し、これは時速に換算すると約360kmです。ジェット機の運行高度はほぼ1万メートルですが、時速は900km程度ですからこのジェット気流の影響が非常に大きいということがわかるでしょう。このため太平洋を越えて飛ぶ航空機は、東へ向かう時はこのジェット気流に乗って飛び、西へ向かう時はこの強い向かい風を避けて飛びます。ジェット気流が強くなる冬には、成田〜ニューヨーク間で飛行時間が2時間近くも差が出ることがあります。

300hPa高層天気図

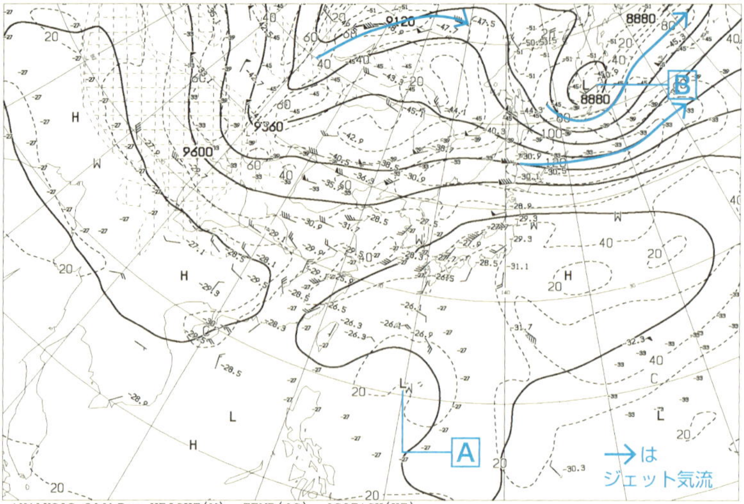

ANALYSIS 300hPa: HEIGHT(M), TEMP(°C), ISOTACH(KT)

大気は上下方向にも波打つ

図のAのLマークは台風に対応します。この高度でも中心付近が最も気温が高く、周りには寒気はありません。まだ発散高度には達していませんので、風は反時計回りに台風の周りを回っています。台風の東に高気圧がある場合、この高気圧の淵を台風が通っていくことがこの天気図を見ていると実感できます。

BのLマークは温帯低気圧に対応します。発達中の地上の低気圧は300hPaの気圧の谷よりも緯度にして1度程度東に位置します。また、南北方向では、ジェット気流の一番強いところ（ジェット軸）の真下に低気圧があります。低気圧が発達して閉塞してくると、低気圧の中心はジェット軸よりも北に上がり、閉塞点がジェット気流の真下に位置します（2-3、→p.55の図を参照)。このような典型的な低気圧とジェット気流の位置を知ることによって、上空の天気図を地上の天気図を描く補助として使うことができます。

前節で説明した切り離し低気圧がある場合、300hPaでも閉じた等圧線の中に寒気がある同様な低気圧が描かれますが、その低気圧が発達すると、

300hPa高層天気図における切り離し低気圧の例

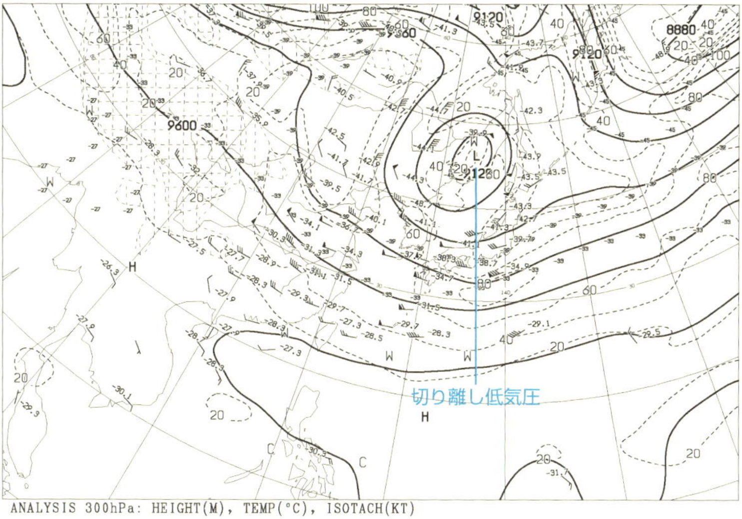

ANALYSIS 300hPa: HEIGHT(M), TEMP(°C), ISOTACH(KT)

逆に中心には暖かい空気があるというWのマークが現れることがあります。これは、気温が低いために対流圏内の高さがどんどん低くなり、ついには成層圏がこの高さまで降りてきたことを示しています。

大気は単に水平に蛇行したり渦を巻いたりしているわけではなく、上下方向にも波打っていることを、この天気図は示すことができるわけです。

上の図は、切り離し低気圧ができているときの300hPaの天気図です。Lのマークの上にWのマークがあり、低気圧の周りは−40℃以下の寒気に覆われているのに対し、中心付近の観測値は−39.9℃で、中心のほうが暖かくなっていることがわかります。

この日の地上天気図は、1-4（→p.17）の中央の天気図で、地上にも小さな低気圧が描かれています。この低気圧は上空の寒気に伴うもので、その寒気が非常に強く大気の状態が不安定であることが、300hPaの天気図を見ることでよくわかります。

POINT

- 300hPa高層天気図では対流圏の上層の流れを知ることができ、ジェット気流の吹いているところがわかる。

4-7 エマグラム(1)

これまで見てきた図は全て大気を横に切った図でしたが、大気の安定度を知るには鉛直方向の大気の状態を見る必要があります。そのために使われるのがエマグラムです。

空気塊の状態を考える

エマグラムには全部で5種類の線があります。横軸は気温（℃）で等間隔に目盛られています、縦軸は気圧（hPa）で、対数目盛りになっています。

残りの線は斜めになっていて、一番傾きが急な実線が**等飽和混合比線**で、大気中の水蒸気量を示します。空気魂を上下しても水蒸気が凝結しない限り、大気中の水蒸気量はこの線に沿って保存されます。ほぼ気圧と気温の目盛りを対角線に切る形に、斜めになっている線が**乾燥断熱線**です。大気が飽和していない間は、気温はこの線に沿って上昇・下降します。そして、等飽和混合比線と乾燥断熱線の中間の傾きで、気圧が低いほど寝ている曲線が**湿潤断熱線**です。大気が飽和している間は、気温はこの線に沿って上昇・下降します。

図に挙げたエマグラムで、空気塊を上昇、下降させると、どのような変化をするのか考えてみましょう。

A点にある空気塊は温度が20度です。飽和混合比は15gなので、湿度が50%だとすると、水蒸気量は7.5gということになります。この空気塊を持ち上げると、温度は乾燥断熱線に沿って下がります。水蒸気量は変わりませんから、B点に達した時に飽和して湿度100%になります。この高さを**持ち上げ凝結高度**と言います。

さらに空気塊を持ち上げると、今度は飽和しているので、温度は湿潤断熱線に沿って下がります。その時には水蒸気はどんどん凝結します（水蒸気は水滴となる）。C点に達すると、大気中の水蒸気はほとんど凝結してしまいます。

この水蒸気をほとんど含まない空気塊を今度は下降させると、空気塊の

エマグラム

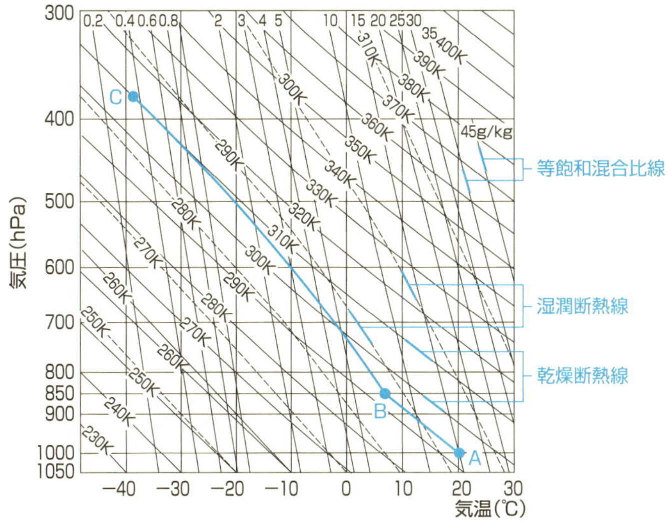

温度は乾燥断熱線に沿って上昇します。元の高さまで下降させたときの温度を**相当温度**と呼びます。これの意味はエマグラムを使った説明からわかるとおり、空気塊において、水蒸気をすべて凝結させた時の温度の上昇分を含んだ温度ということです。

1000hPaの高さまで空気を上昇・下降させたときの温度を**温位**と呼びます。飽和していない空気は乾燥断熱線に沿って上昇・下降しますので、乾燥断熱線は等温位線と言うこともできます。また、高さ1000hPaの相当温度を**相当温位**と呼びます。空気塊が乾燥断熱線に沿って上昇・下降している限りその相当温位は一定で、温度が高く湿度が高いほど相当温位は高いということになります。

フェーン現象もわかる

ここで、山を越える空気をエマグラムを使って考えてみましょう。山の風上側の気圧は1020hPaで、気温25℃、湿度80％（水蒸気量は約16g）が流れてくるとします。山の高さは約1500mで、気圧は850hPaです。

風上側の空気は山の斜面に沿って上昇を始めます。最初は乾燥断熱線に沿って上昇しますが、持ち上げ凝結高度である約970hPaに達した後は湿潤断熱線に沿って上昇します。850hPaに達する頃には約16℃になります。山を越えると、今度は乾燥断熱線に沿って山の風下側を下っていきます。1020hPaの高さまで降りてくると、温度は32℃まで上昇します。これが湿ったフェーン現象の正体です。

このように、エマグラムを使って考えると、山の風上の温度と湿度から、風下でどの程度の温度になるかを推定することができます。

1-16（→p.43）の図は、実はこのエマグラムを用いて温度変化を模式的に表したものです。このことからわかるように、エマグラムを使って、大気の安定度を知ることもできます。

このことは、次節で詳しく説明します。

POINT

- エマグラムは、大気の状態を鉛直方向に見たものであり、空気塊を上昇、下降させた場合の気温、湿度を読みとることができる。

4-8 エマグラム(2)

前節ではエマグラムの基本的な見方について解説しました。この節では具体的なエマグラムの例を挙げ、大気の安定・不安定をどのように読み解くべきかを説明します。

逆転層では大気は安定

次ページの上の図が、ある日のつくば上空の大気の状態をエマグラムに描いたものです。右の青い線は気温を描いたもので、これを気体の状態曲線と呼びます。左の青い線は露点を結んだものです。露点はこの温度になると飽和する温度ということですから、この線からそれぞれの高さでの水蒸気量がわかります。

基本的には上空ほど気温が低くなっていますが、ところどころに上空ほど気温が高くなっているところがあります。このような層を気温が逆転しているというところから**逆転層**と呼びます。逆転層には地表付近が放射冷却によって冷やされるためにできる**接地逆転層**や、高気圧の下降気流場で気温が上がってできる**沈降性逆転層**などがあります。上のほうが下よりも気温が高いために、この層では上昇気流は発生せず、大気の状態は安定で、大気に蓋をしたようになります。

条件付き不安定

状態曲線が乾燥断熱線よりも寝ているということは、空気塊を上空に持ち上げるとすぐに周りの大気よりも気温が高くなって浮力が生ずるということを意味します。この状態を、大気の成層状態は**絶対不安定**と呼びますが、このような状態は自然界にはありません。

では、実際の大気の状態はどうなっているでしょうか。次ページの下の図は、先ほどのエマグラムの下層を拡大したものです。

このような状態曲線の大気の地表付近の空気を上昇させると、925hPa付近で持ち上げ凝結高度に達し、その後は湿潤断熱線に沿って上昇します

エマグラムの例

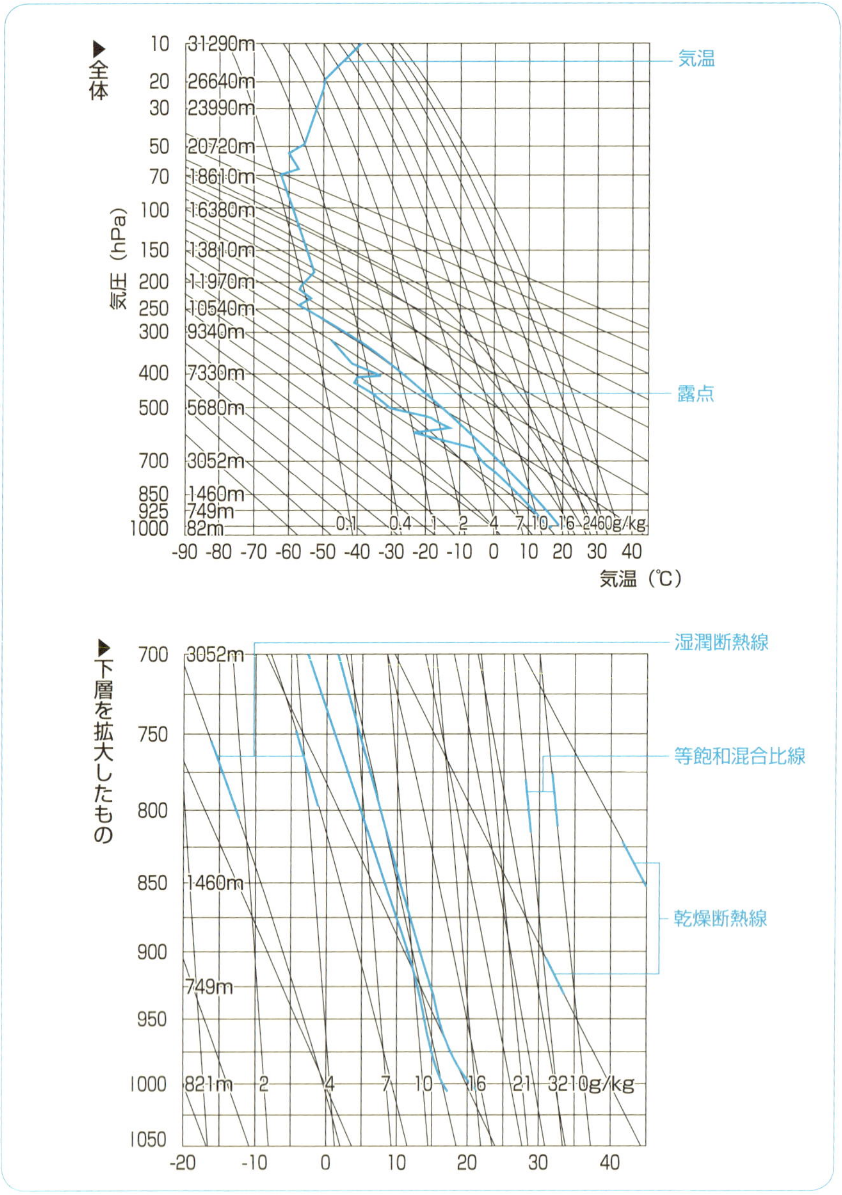

が、850hPaを越えると周りの気温よりも高い状態になることわかります。このような大気は、そのままでは安定な状態ですが、下層の空気塊を上層まで持ち上げるような力が働く場合に不安定になるということで**条件付き**

不安定な状態であると呼びます。下層の気温が高い場合、または上層の気温が低い場合に、このような状態になります。

対流不安定

今度は、下層のある幅のある空気層が持ち上げられる場合を考えてみましょう。ある空気層の下部が乾燥し上部が湿っている場合、これを持ち上げると、下部はずっと乾燥断熱線に沿って気温が下降するのに対し、上部は湿潤断熱線に沿って気温が下降します。このため、下部のほうが温度下降が大きく、この空気層は安定な状態になります。

一方、下部が湿って上部が乾燥している場合、これを持ち上げると下部は湿潤断熱線に沿って気温が下降するのに対し、上部は乾燥断熱線に沿って下降します。このため、上部の方が温度下降が大きく、この空気層は不安定な状態になります。この後者の場合を対流不安定と呼びます。前ページの上図の場合、700hPaから500hPaの層がこの対流不安定な状態であることがわかります。

POINT

- エマグラムでは、大気の安定、不安定を読みとることができる。

4-9 北半球天気図

ここでは北半球天気図について解説します。実際に北半球天気図の解説に入る前に、北半球で起きる気流の蛇行について、そのメカニズムを理解しておくことにしましょう。

気流の蛇行がわかる回転水槽実験

写真は、ある理科実験のものです。テーブルに大きな円形の水槽が置かれています。その中央部には冷たい氷水が入った缶を置き、外側は湯で温められています。この状態でテーブルを回転させなければ、外側の温められた水は上に上がり、一方、中心付近で冷やされた水は下に下がり、最終的にはロール状の対流が発生します。

次に水槽のテーブルを回転させると、最初はこのようなロール状の対流が発生しても、その後、写真のような蛇行する流れが発生します。これは蛇行する流れによって熱を運ぶほうが、ロール状の対流によって熱を運ぶよりも、効率的に中心付近と周りとの熱の交換をすることができるためです。

回転する軸の中心付近の温度が低く、外側が高い状態は、地球と同じです。軸付近の極の温度が低く、外側の赤道地帯で温度が高くなっています。このため、地球でも写真と同じような蛇行が発生します。

回転水槽実験

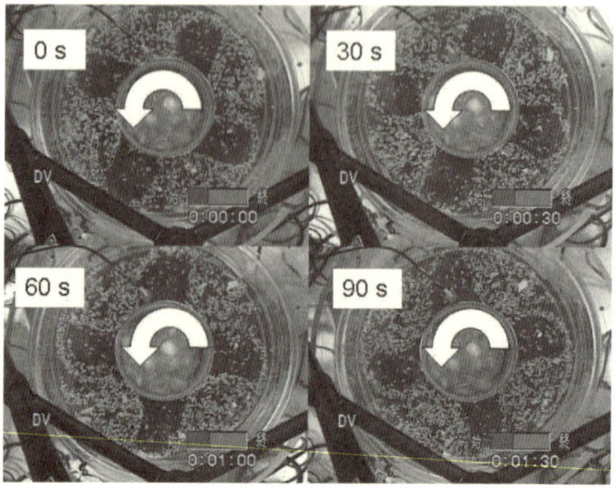

時間とともに蛇行する流れも変化している

北半球天気図

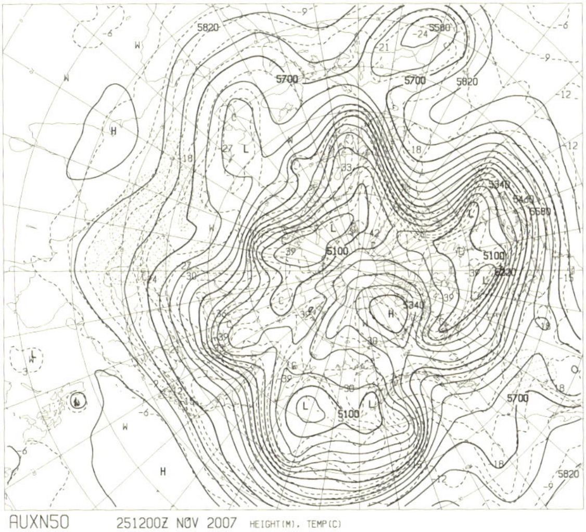

回転水槽実験同様に流れが蛇行している

北半球から見た500hPa高層天気図

上の図は、地球を北から見た500hPa高層天気図です。実線は高度、破線は気温を示しています。中心付近は気温が低く密度が小さいので、中心のほうが高度が低く、周りは高度が高くなります。このため、空気は反時計回り（地球の回転方向と同じ方向）に流れます。また、前ページの写真のようなきれいなカーブでありませんが、流れが波打っていることがわかります。このカーブで、中心から外側に等高度線が突き出ている部分は、気圧が低い部分が外側に突き出ているということですので、すでに本書で何回も出てきていますが、これを**気圧の谷**と呼びます。逆に、気圧の高い部分が外側から中心に向かって突き出ている部分を**気圧の尾根**と呼びます。

気圧の谷の直下のやや東には地上の低気圧があり、尾根の直下のやや東には地上の高気圧があります。谷と尾根は流れに乗って進みますが、低気圧の発達と共に谷は深くなりますので、谷と尾根は流れに乗りながら深まったり浅まったりしながら進みます。時速25ノットで進む気圧の谷は、6時間で緯度にして2.5度、24時間で10度進みますから、ヨーロッパの北緯45度（距離にして経度を$\sqrt{2}$倍したものが緯度）付近を進む気圧の谷は、

10日かけて日本付近にやってくることになります。

低気圧が発達を終えて、気圧の谷の深まりがピークを迎えると、気圧の谷がほとんど動かなくなります。これが**ブロッキング**と呼ばれる状態です。北半球天気図を数日間平均すると、谷が順調に流れているところは平均化されて緯度に沿った等高度線になりますが、ブロッキングが発生すると、深い気圧の谷がそのまま残りますので、平均して気圧の谷があって悪天の続く領域と、天気が周期的に変わる領域を区別することができます。北半球天気図はこのように週間予報くらいの期間の予報をするのに使うことができます。

また、さらに長く、ある季節の間の平均をみると、その期間、気圧の谷であったのか気圧が高かったのか、温度が低かったのか高かったのがわかり、季節の特徴的な気象状態がどのようになっていたのかを判断する基礎資料になります。北半球天気図は、地球の大循環の変化を見る天気図と言うことができるでしょう。

POINT

- 北半球天気図は、北半球で起きている気流の蛇行を観察することで、地球の大循環の変化を追うことができる。

4-10 局地天気図

この本では、ここまで、低気圧や高気圧などの動き、発達などがわかる天気図の話を書いてきました。このような規模の気象現象を総観規模現象と呼びますが、これより寿命の短い気象現象について知ることも重要です。

総観天気図ではわからないこと

総観規模現象を表す天気図を総称して**総観天気図**と呼びます（実際には総観規模よりもう少し小さなメソαスケールと呼ばれる200～2000kmの規模の現象も描かれます）。総観規模現象は寿命が数日あり、水平スケールは数百～千kmあります。総観天気図を使うことにより、低気圧や高気圧の発達衰弱や移動を判断することができますので、1日単位の天気や1週間先までの天気などを考える時には有効です。

一方、2-11（→p.77）でも書いたとおり、この天気図では総観規模現象よりも小さな現象はかなり省略して描きますが、数時間先までの天気を考えるためには、総観天気図に描かれている現象よりも寿命の短い気象現象を考慮する必要があります。総観天気図だけを見ていては、数時間先の現象はわかりません。

さらに細かく…局地天気図

寿命が短い気象現象は、水平スケールも小さく、数km～数十kmの大きさ（メソβ～γスケール）の気象現象ということになります。この規模の現象を表現するためには、その現象付近を拡大した全く別の天気図を描く必要があります。それが**局地天気図**です。

次ページの上図は局地天気図の例で、下図は同じ時刻の総観天気図です。局地天気図は、天気予報をする人が数時間先までの天気を予想するために、必要な要素を記入する天気図です。気象庁からも公式には発表されていないので、特に定められた形式はありませんが、小さな現象を表すために等

局地天気図と同時刻の総観天気図

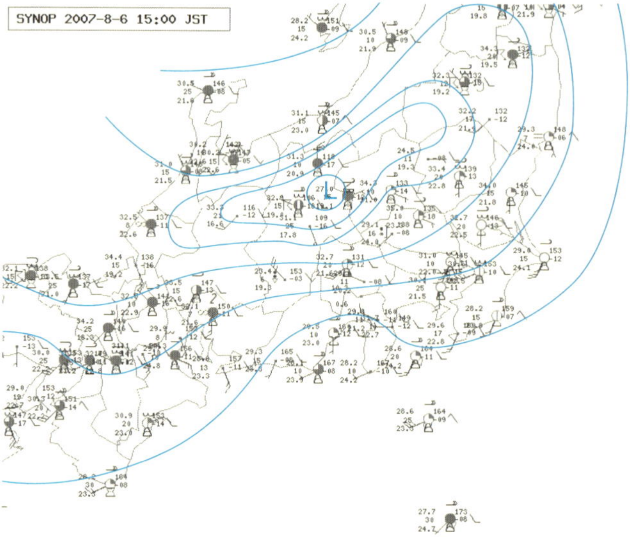

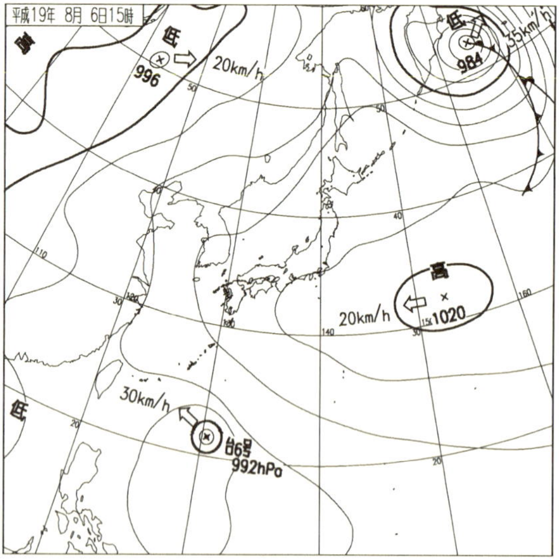

総観天気図では本州の真ん中に発生した低気圧は描かれていない

圧線の間隔は4hPaよりも小さく、1hPaにするのが通常の方法です。これによって、総観規模よりも小さな、日中の気温上昇によって発生する内陸の低気圧や、冬季の放射冷却によって発生する高気圧を見つけることができます。また、寒冷前線のような大規模な前線はなくても、風の変化や気温の変化で小さな前線を見つけることができます。このため、風の流れを見る流線や温度の線を引くこともあります。

この局地天気図は、夏の本州中央部を描いたものです。本州の真ん中には日中気温が上がったことによって発生した低気圧があります。これに向かって海から陸地に向かって風が吹き込みます。もともと南に太平洋高気圧があって南風が吹く気圧配置なので、内陸の小さな低気圧によってさらに気圧の傾きが急になり、関東地方では風が強まることがわかります。一方、日本海側では低気圧によって北よりの風が吹いています。通常、「海風」と呼ばれる海から陸地に向かって吹く風を表現しているとも言えますが、千葉県や茨城県では海岸線に沿った南風が吹いていますので、単なる海風とは違います。

晴れの天気の日でも、このように局地天気図を描くことにより、現在起きている気象現象が、どういう理由で発生しているかを説明する癖をつけることが、天気予報の第一歩です。

POINT

- 数時間先までの天気を考えるためには、局地天気図を使って、総観天気図に描かれている現象よりも、寿命の短い気象現象を考慮する必要がある。

4-11 シアー解析

前節では晴れた日の局地天気図を見てみました。狭い範囲で降る雨の状況を把握するためには、局地天気図は非常に有効です。この節では風向きに注目して、局地天気図を見ていきましょう。

風向きが急変している場所に注目

次ページの上の天気図は冬型の気圧配置が崩れ、大陸から高気圧が張り出してきたときのものです。総観天気図を見る限りでは、高気圧に覆われて関東地方では晴れているように思えます。ところが、関東地方の南には雲がかかっており、関東地方南部では終日曇りでした。

この日の同じ時の局地天気図が、下の図です。詳細な気圧分布を見ると、関東地方南部にやや気圧の低い部分があり、ここに北東からの風と西風とに風の向きが急変しているところがあることがわかります。このように風の向きが変わっていることを風の**シアー**があると言い、このシアーのある箇所を結んだ線を**シアーライン**と呼びます。シアーラインのあるところではどのような現象が発生しているのでしょうか。

シアーの状況を理解する

シアーは、厳密には二つの風ベクトルの差ですから、風向の変化によるシアーと、風速の変化によるシアーがあります。図①のような風向の変化がある場合、シアーラインに向かった空気はせき止められることになりますから、そこで上昇気流が発生します。また、図②のような風速の変化がある場合も、やはりシアーラインに向かった空気はせき止められることになりますから、上昇気流が発生します。

一方、図③も風向の変化がありますが、シアーラインに空気が流れ込みませんので、上昇気流は発生しません。図④は風速の変化がありますが、シアーラインから空気が離れる量のほうが多いため、ここでは空気は下降していることになります。このように、シアーラインがあるから必ず悪天

シアー解析の例

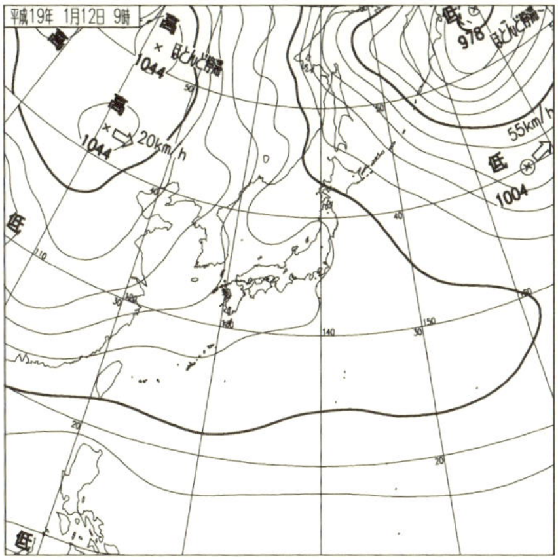

この日、関東地方南部では終日曇りだった

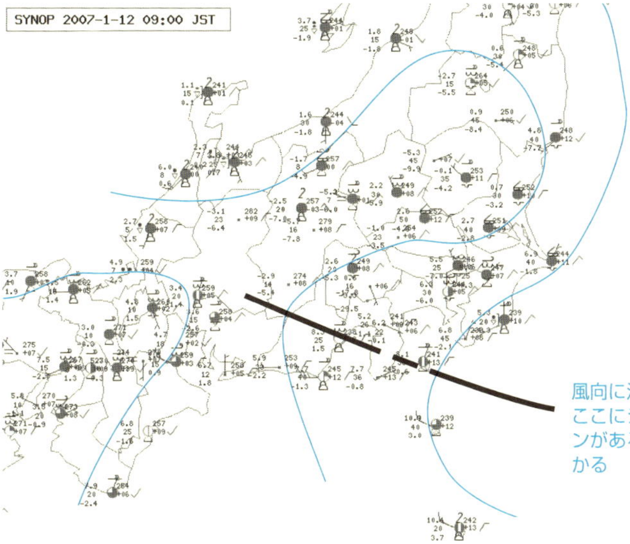

風向に注意するとここにシアーラインがあることがわかる

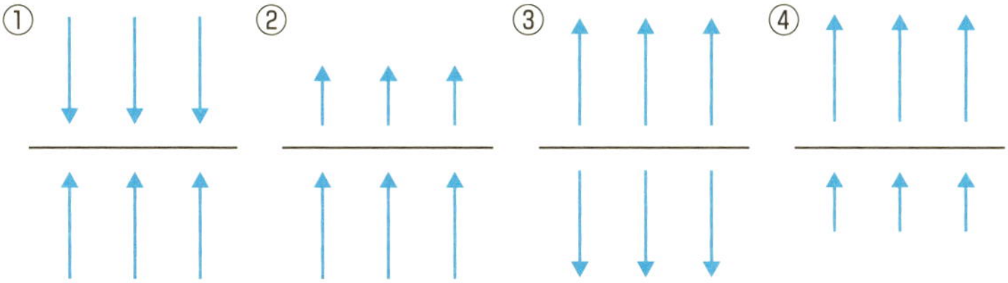

風向・風速の変化とシアーライン
（矢印の長さは風速の強さと比例する）

になるというわけではありません。局地天気図では悪天をもたらすシアーラインを見つけ出し、その発生原因を見つけることが、その後の天気の予想を行う上で重要です。

寒冷前線や温暖前線もシアーラインの一つですが、このような大きな規模の前線は、二つの密度の異なる空気が接していることによって発生します。二つの性質の空気が接してどちらかが上昇すると、そこでは雲が発生するということになります。一方、局地天気図で解析されるようなシアーラインは大規模な気団の差ではなく、地形によって空気の流れが変えられて二つの流れがぶつかったところや、地形によって溜まった寒気とその周りの少し暖かい空気の境目にできます。先の天気図でも日本の脊梁山脈によって空気が流れが変わり、山の北からの流れと南を回った流れがぶつかったところにシアーラインが発生しています。

このような流れは冬型の気圧配置が弱まるとしばしば発生するので、そのような時に局地天気図を描いて、シアーラインがどこに発生するか監視することによって、数時間先までの天気を予測することができます

POINT

●風の向きが変わっていることを、「風のシアーがある」と言い、シアーのある箇所を結んだ線をシアーラインと呼ぶ。

4-12 数値予報

高層天気図を含め、基本的に気圧配置が描かれた天気図を読むことが、天気予報の重要な方法となりますが、この気圧配置は、計算式に当てはめることで将来の状態を予想することができます。

コンピュータによる数値予報

ここまでの説明で、天気図を見て現在の天気の様子や雲の分布、風向風速などがわかるようになったでしょうか。これができるようになれば、未来の天気図を見ても同じことができるはずです。雲や空を見て天気を予想する「観天望気」が主流だったのは大昔の話で、この、将来の気圧配置を予想することによって天気予報を行うという方法が、一貫して近代の天気予報の方法です。

昭和40年代は、過去の天気図を並べ、上層の流れを見ることなどによって、将来の気圧配置を予想していました。これは言わば「図予報」と言えます。一方、大気は物理法則に則って移動したり膨張したり暖まったりしますので、この物理法則を表した方程式を使って、気圧配置の変化を計算によって求めることができます。この計算によって気圧配置を予想する方法は、実際の気圧、気温の数値を計算式に当てはめて行うことから**数値予報**と呼びます。現在では、この数値予報によって予想した天気図が、予報資料の最も基本的なものとなっています。

方程式の意味

数値予報に使う方程式の一つが、次に示す熱力学の方程式です。一見すると何のことかさっぱりわかりませんが、一つ一つ説明しましょう。

方程式というのはイコールでつながっていることからわかるとおり、左の項の値は右の項を計算することによって求められる、という意味です。

左の項はある場所の気温の変化を表します。つまりこの方程式はある場所の気温の変化を求める式というわけです。

数値予報に用いられる運動方程式

$$\frac{\partial T}{\partial t} = -\left(u\frac{\partial T}{\partial x} + v\frac{\partial T}{\partial y} + \omega\frac{\partial T}{\partial P}\right) + \omega\frac{\alpha}{Cp} + \frac{\frac{dQ}{dt}}{Cp}$$

温度変化のあるところに風が吹く場合を考慮

気体の上昇・下降に伴う体積変化を考慮

外部から温められることを考慮

T：温度　u：西風　v：南風　ω：上昇流　α：体積　Cp:温度変化率

t：時間　Q：与えられる熱

右辺の第1項から第3項は全て同じ形をしています。$\frac{\partial T}{\partial x}$、$\frac{\partial T}{\partial y}$、$\frac{\partial T}{\partial P}$はそれぞれ東、北、上の方向に温度がどのように変化しているかということを示す温度傾度です。その前のu、v、ωは全て風速を表します。つまり、これらの項は風のベクトルと温度傾度の積になっています。このためこの項は温度の変化があるところに風が吹くと温度がどう変わるかということを求める項になります。暖かいほうから風が吹けばそこの温度は上がりますし、冷たいほうから風が吹けばそこの温度は下がります。それを求める項というわけです。

右辺第4項は気体が上昇したり下降したりすると、空気は膨張したり収縮したりして、その結果温度が上がったり下がったりしますが、それを求める項です。最後の項は、外から温められることによってそこの場所の温度が変化するので、それを求める項です。

このように、一見難しそうな方程式も一つ一つ説明されればわかると思います。数値予報に使う方程式はこれ以外に、風の変化を求める方程式や水蒸気の変化を求める式などがあり、もう少し複雑ですが、全てこのように説明することができます。ただし、これらの方程式は、高校までの数学で学んだような公式を使う方法では、一つの解を求めることができません。このため、実際の観測値を方程式に当てはめるという方法を使います。

計算をするためには、大気をジャングルジムのような格子で区切ります。観測地点はまばらにしかありませんので、この格子点の一つ一つにおける気温、湿度、風向、風速などを求めるのがまず一苦労です。その後、すべての格子点の値から方程式の各項を求めることによって、ほんの少し未来の大気の状態を求め、それらを使ってまたほんの少し未来の大気の状態を求めるという、尺取虫のような方法を使って計算します。膨大な量の計算を高速で行わなければなりませんので、この計算にはスーパーコンピュータを使います。

気象庁では昭和34(1959)年に官庁として初めてコンピュータを導入し、その後常に最先端クラスのスーパーコンピュータを使って数値予報を行っています。

POINT

●気象庁では観測地点で集めたデータを元に、物理法則を表した方程式を使ってスーパーコンピュータで計算し、将来の気圧配置を予想している。これを数値予報と呼ぶ。

4-13 全球モデル

前節では、気圧配置の予想は計算式に当てはめて求める、ということを解説しました。こういった数値予報を行うプログラムに関して、ここでは「全球モデル」について解説します。

数値予報のためのさまざまなモデル

数値予報をするために必要な方程式は、前節に書いたように元々は一種類しかありません。しかし、その各項を求める方法は色々なものがあります。また、計算によって直接求められない値は、ある仮定を用いて計算とは別に値を与えたりします。さらに計算する領域や格子の幅なども違います。

ある一つの計算方法や領域、格子幅などのことをまとめて**数値予報モデル**と呼びます。一つの数値予報を行うプログラムが、数値予報モデルと言うこともできます。現在、気象庁では地球全体を計算する水平格子間隔20kmの**全球モデル**と、日本の狭い領域を計算する水平格子間隔5kmの**メソモデル**を使っています。

地球全体を水平格子間隔5kmで計算すれば、一つのモデルで足りると思われるかもしれませんが、格子間隔を狭くすると、データの量がそれだけ増えるので、計算量が増えます。通常、格子間隔を半分にすると計算量は3次元＋時間間隔のそれぞれを半分にしなければいけないため、16倍の量の計算をすることになり、それだけ高速のスーパーコンピュータを必要とすることになります。このため、現在はこのように2段階のモデルを使っていますが、これは平成19（2007）年11月からのことです。それまでは水平格子間隔55kmの全球モデルのほかに、水平格子間隔20kmの**領域モデル**を合わせて、三つのモデルを使っていました

全球モデルは昭和63（1988）年に水平格子間隔300km、鉛直方向16層で使用を開始してからも徐々に改善が続けられ、現在では水平格子間隔を20kmにまで狭めたのを初め、鉛直方向も60層にまで分けられ、非常に詳細化しています。

全球モデルの予想天気図と、実際の地上天気図

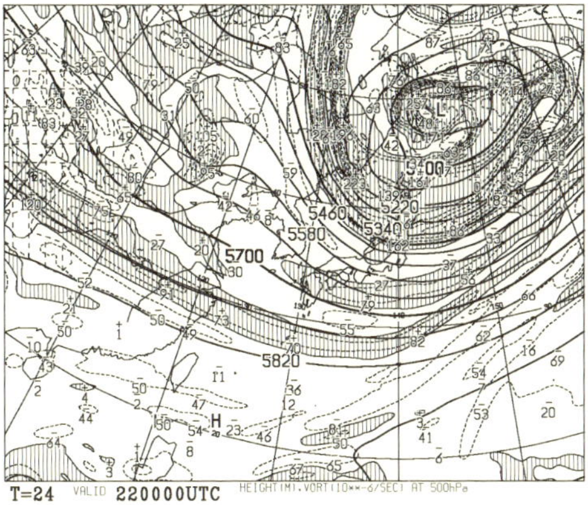

500hPaにおける
予想天気図

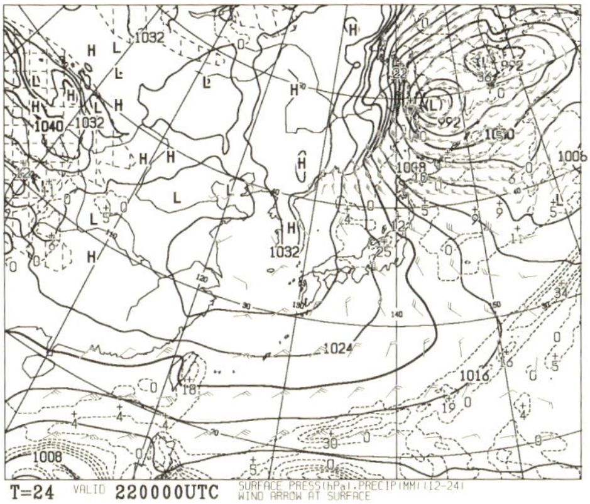

地上における
予想天気図

Japan Meteorological Agency

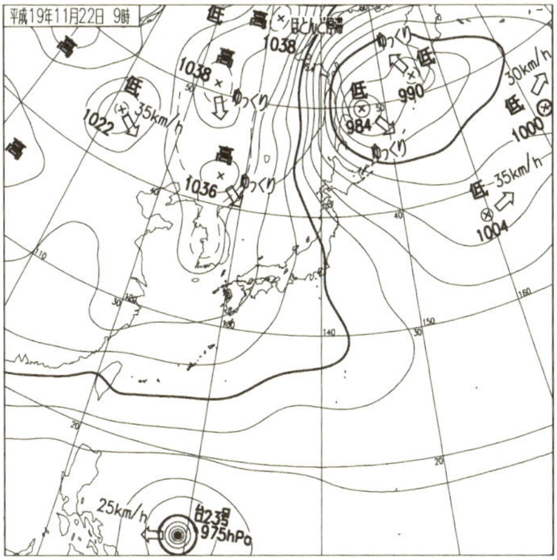

低気圧の中心位置や
中心気圧は、かなり
近いものとなった

地球全体を計算するモデル

全球モデルでは地球全体の計算を行うので、どんな先までも計算はすることができます。このため、明日、明後日の予報だけでなく、週間予報や一ヶ月予報などにも使われます。

前ページの上2枚の図は、平成19（2007）年11月21日9時を初期値として、24時間後の11月22日9時の気圧配置を予想した天気図です。一番下の図は予報官が解析した、実際の11月22日9時の天気図です。

予想天気図で実線で描かれているのは等圧線です。破線は48時間後から72時間後までに予想される降水量（単位はミリメートル）ですが、平均的な降水量なので、実際の降水量よりはかなり少なめに予想されています。特に局地的な雨の予想はかなり困難です。海上には船舶の航行に利用されることを想定して風向風速が描かれています。高気圧、低気圧のおおよその場所にはそれぞれH、Lのマークがついていますが、数値予報の分解能がそれほど高くないために、実際とややずれています。また、低気圧から延びる前線を自動的に描くことはできません。

それでも、低気圧の中心位置と中心気圧をかなり正確に予想していることがわかります。また、地上天気図には前線は描かれていませんが、上層850hPaの天気図などでは、かなり正確に温度場を予想することができますので、これらを使うと、前線の位置もかなり正確に予想することができます。これらにより、低気圧の通過に伴う天気変化や、前線通過の時に降る雨を予想することができるというわけです。

POINT

- 数値予報のためのさまざまなモデルには、全球モデル、メソモデルなどがある。
- 全球モデルでは地球全体の計算を行うのでどんな先までも計算することができ、週間予報や一ヶ月予報などにも使われる。

4-14 メソモデル

前節では、数値予報モデルの一つ、全球モデルについて解説しました。ここでは前節に引き続き別の数値予報モデル、「メソモデル」について解説します。

加速度のある上昇気流を計算できる

大気中で上昇気流が発生すると、上昇した空気は温度が下がり飽和して雨が降ります。雨は天気現象ですが、その量が多くなると大きな災害を発生させるので、上昇気流の強さを知ることは天気予報を行う上で大変重要です。ところが、従来の数値予報モデルでは、この上昇気流は加速度0であるという仮定がなされていて、強い上昇気流や下降気流は直接的に計算していませんでした。上昇気流の加速度が0と仮定することを「静力学平衡が成り立っている」と呼びます。

静力学平衡を仮定していたために強い上昇気流を予想できず、結果として集中豪雨を精度よく予想できなかった数値予報ですが、最近になって格子間隔の狭いモデルで、静力学平衡を仮定せず、加速度のある上昇気流そのものを計算できるモデルが開発されました。それが**非静力学メソモデル**です。

どれだけ精度が上がったのか

次ページのAの図は、平成16（2004）年7月12日21時を初期値として、9時間後の13日6時から9時までの3時間に降る雨の量を非静力学メソモデルで予想したものです。Bの図は、従来の静力学平衡を仮定した水平格子間隔10kmのモデル（静力学モデル）で同様に予想した雨の量です。Cの図は、その時間に実際に降った雨の量をレーダーにより求めたものです。この日は3-9（→p.120）で紹介した「新潟・福島豪雨」が発生した日で、線状の強い降水域が新潟県にかかり、非常に局地的な豪雨が発生していることがわかります。このような局地的な豪雨は、従来の数値予報では非常

非静力学、静力学モデルの比較

Ⓐ

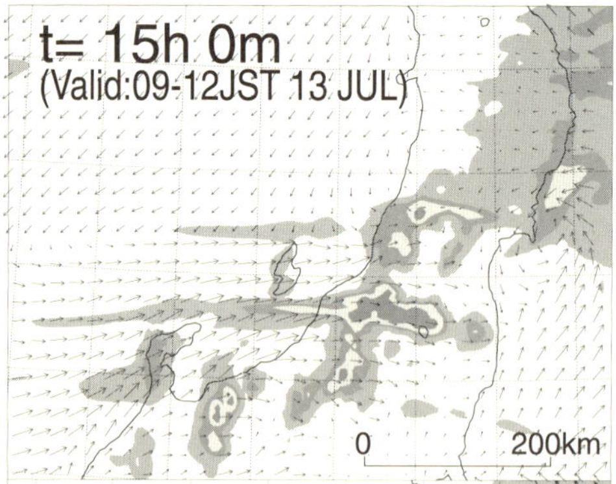

非静力学メソモデル

Ⓑ

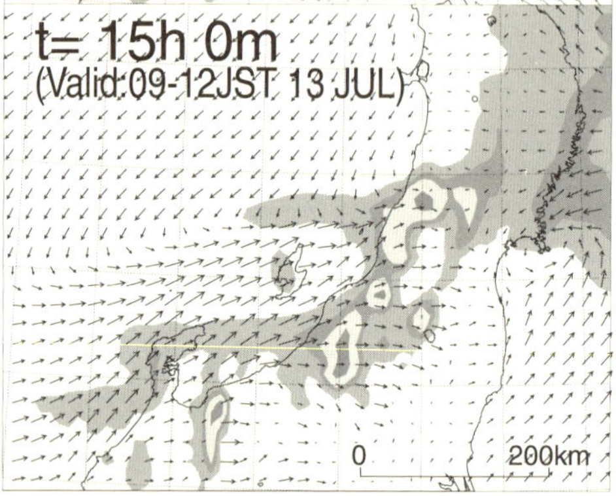

従来の
静力学メソモデル

Ⓒ

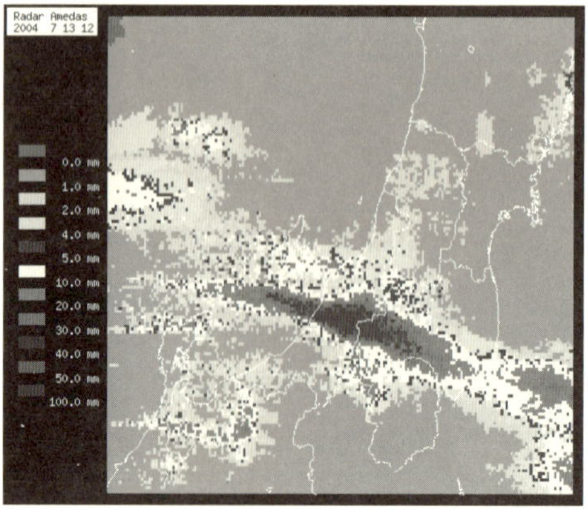

実際に降った雨量の
レーダーアメダス解
析雨量

に予想が困難でした。

予想結果を見ると、どちらのモデルも、実際の雨よりも雨の領域が広がっていて、特に山形県では実際にはほとんど雨が降っていないのに、広く雨の領域を予想しています。実際には新潟県で非常に強い雨が降りましたが、静力学モデルでは新潟県には特に強い雨の領域はありません。一方、非静力学モデルでは実際よりは弱いものの、佐渡の南から伸びる線状の強い雨の領域が新潟県にかかっていて、静力学モデルよりは正確に予想できていることがわかります。

このように、非静力学メソモデルは局所的な雨をその範囲、強度ともに従来よりも正確に予想することができます。今後はさらに水平分解能を細かくすることにより、精度向上が期待されますが、その時に問題になるのが、観測データです。正しい初期値が得られなければ、正しい予想は得られませんので、水平分解能に対応するきめ細かな観測が欠かせません。高層の気象を正確に観測するゾンデ観測は、日本全体でも18箇所しかなく、その観測の時間間隔は12時間もあります。また、中層くらいまでの風の観測はウィンドプロファイラによって行われていますが、それも全国31箇所とゾンデ観測よりは多いですが、現在の非静力学モデルの5kmよりも粗い観測網です。

現在、気象衛星から風向風速を詳細に求めたり、カーナビなどでお馴染みのGPS衛星を使った水蒸気量の観測などの技術開発が進められています。どんなにスーパーコンピュータの能力が上がっても、予報の基本は観測というわけです。

POINT

- 日本の狭い領域を計算する水平格子間隔5kmのモデルを、メソモデルと呼ぶ。
- 最近になって、静力学平衡を仮定せずに、加速度のある上昇気流を計算できる非静力学メソモデルが開発され、精度が改善した。

4-15 アンサンブル予報

天気予報は、その精度を上げようと、ずっと改良が加えられてきました。しかし予測には原理的に誤差が生じてしまいます。その誤差をうまく扱うための方法が、アンサンブル予報です。

誤差を上手に扱う方法

数値予報は、将来の気圧配置を正しく求めることを目標にしています。しかしながら、どんなに数値予報を改善しても、初期値がほんの少し違うだけで予測値が大きく異なることがあります。計算時間が先になればなるほど、この差は大きくなります。このため、週間予報は先になればなるほど不正確になります。

観測には必ず誤差があります。それは、機器の誤差もありますが、高層観測の場合はゾンデがたまたま湿ったところを通ることによって、実際よりも湿度を高く計算してしまうなど、観測方法そのものが持つ誤差がありますし、観測値から格子点にデータを与える時に発生する誤差などもあります。これは、数値予報が持つ宿命です。

この観測誤差があることを逆手にとって、観測誤差の範囲で少しずつ初期値を変えて、同じモデルで数値予報を行い、その結果を比較して予想する方法があります。それが**アンサンブル予報**です。

初期値を少しずつ変えて計算

従来の数値予報は、将来の天気図とぴったり合うことを期待して計算しますが、アンサンブル予報はちょっと違います。初期状態の違いによって、将来の気圧配置が変わることがわかっているわけですから、数値予報でもほんの少しずつ変えた初期値によって予想天気図が変わり、その中に実際の気圧配置に近いものが必ず入るように、計算結果がバラけることが期待されているわけです。

また、多少初期状態が違っていても同じような結果になる場合は、バラ

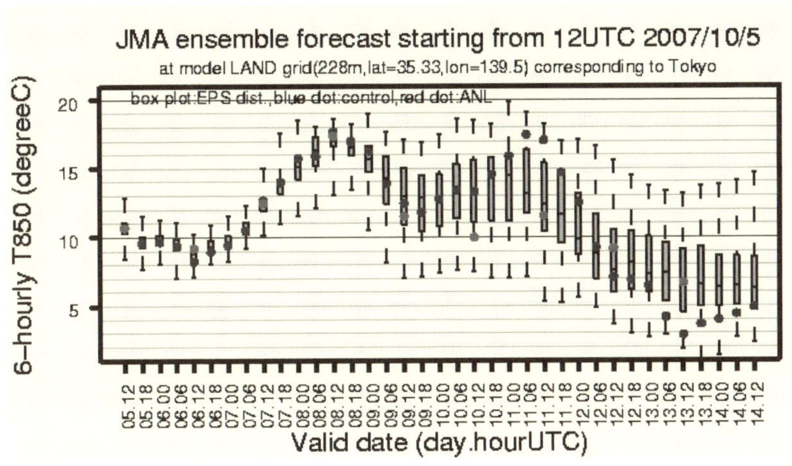

け方が小さいことにより予想の確度が高いことを表し、少し初期状態が違うだけで結果が違う場合には、大きくバラけることにより予想の確度が低いことを表すことを期待されています。

一つの初期値から計算した結果をメンバーと呼び、全メンバーの広がりをスプレッドと呼びます。現在、気象庁では51メンバーのアンサンブル予報を週間予報に使っています。

確率的な判断ができる

図は、平成19（2007）年10月5日21時を初期値として、850hPaの216時間後までの東京の気温を予想したアンサンブル予報の結果を示しています。株価のグラフのようですが、箱は全メンバーのスプレッドの広がりを示しています。

図を見ると3日後の8日21時に気温が最も高くなることを示していて、スプレッドが小さいので、気温が上がる可能性が高いことがわかります。また、ほとんど上がらないという少数意見もあることもわかります。その後は気温が下がってきますが、スプレッドが広がり、10度を切るというメンバーもあれば、20度近くなるというメンバーもあることがわかります。このようなデータを用いることにより、ある日の最高気温などが、一定の幅の気温に入る確率も計算することができます。

現在、アンサンブル予報は、週間予報や1ヶ月予報、3ヶ月予報などの長期の予報のために使われていますが、今後は台風予報などにも使うことが計画されています。今年から改善された台風の予想表示でも、一つの予想時間に対応する予報円は一つですが、アンサンブル予報が導入された場合、北と西に意見が分かれたメンバーによって、二つの予報円が描かれるという時代が来るかもしれません。

POINT

- 観測誤差を逆手にとり、観測誤差の範囲で少しずつ初期値を変えてその結果を比較して予想する、アンサンブル予報という手法がある。

column
コラム

天気予報苦労話

●関東地方の雪

私が気象台で働き始めた頃はまだ、数値予報の精度が低く、低気圧の位置の予想一つとっても当たらなかったり、規模の小さな現象は全く予想できないという時代でした。現在では数値予報は非常に進歩し、低気圧や台風の位置の予想精度は非常に高くなっていますし、関東地方沿岸にできる規模の小さな現象も表現できるようになってきました。

そんな現在でも予想が非常に難しいのが、2-13（→p.83）でも紹介した、関東地方の雪の予報です。低気圧が関東地方に近ければ温度が上がり雨になります。一方、遠くを通れば、雨も雪も降りません。降水がある程度に関東地方に近く、雨にならない程度に遠くを通る場合に雪になるわけです。その上、下層の気温が問題になります。北東から非常に冷たい空気が入ってきたり、夜の間に溜まった冷気が残っていれば、上空の温度がそれほど低くなくても雪になりますし、少しでも暖気が入ればあっという間に雪は雨に変わります。

さらに、関東地方の場合、数センチでも積もれば交通に大きな影響を及ぼしますが、積雪の予想はさらに困難です。雪は地面に接すると溶けますし、積もってくると雪自身の重みで沈み込みます。つまり雨のように量そのものの予想だけでは、積雪の予報はできないのです。

以前、このような難しい状況の時に、先輩の予報官が雨と予報しましたが、実際には東京の天気は雪に変わってしまいました。それでも、その時の予報官は長年の経験から、暖気が入ってすぐに雨に変わると判断し、雨の予報を変更しませんでした。結果としていつまでも雪は雨に変わらず、翌日には一般の方はもちろん、マスコミからもずいぶんと批判を受けることになってしまいました。それでも、その予報官はこう言っていました。

「また同じような状況になったら、私はやはり雨の予報を出すだろう」

●台風はどこへ行った

静止気象衛星「ひまわり」が打ち上げられてからすでに30年。もう、この衛星なしでの天気予報は考えられないという時代になっています。テレビの天気予報番組では、天気図よりも気象衛星写真のほうが多く使われるほどになっているのではないでしょうか。このため、一般の人や子供たちと話していると、気象衛星だけで天気予報ができると思っている人も多いようです。

ところが実際には、気象衛星は現在の雲の分布、それも上から見た状態がわかるだけなので、そこから予報のための資料を得ることはできても、予報そのものができるわけではありません。さらに、可視画像では分解能より大きな実在するものは全て見えますが、赤外画像では低い雲は見えません。

天気予報で気象衛星が一番活躍するのは、台風が海上にあるときです。海上は観測点が少ないですし、レーダーからも遠い場合はその位置を正確に知るための最良の方法と言えるでしょう。ただ、台風の目がはっきりとしている場合は、何の苦もなく台風の中心位置を決めることができますが、目がはっきりしない台風の場合や衰弱して渦がはっきりしない台風の場合、夜間に中心を決めるのは至難の業です。そのような場合、最も発達した積乱雲の淵の辺りを中心として天気図を描いて決めることになりますが、下層の渦だけが、発達した積乱雲とは離れて存在することがあります。そんな時は、朝になり可視画像が見られるようになって下層の渦を見つけて、大慌てで中心位置を修正することになります。

もうずいぶん前、夜間にある国に台風が上陸した時のことです。衛星から決めた中心位置からすれば、観測点の風が変わって気圧が下がるはずなのに、そのような変化はなく、実際には中心は全然違うところにあり、もっと遅れて上陸したということがありました。ところが、その国の観測者は台風の位置からすると観測値がおかしいと思ったのか、風と気圧の観測値は不明と報じてきました。

「予報はあっているが実況が間違っている」と冗談で言うことがありますが、その観測者は自分の観測よりも予報官の判断を信じてしまったのでしょうか。

確認テスト　国際式天気図と高層天気図

問題　XX年10月6日から7日にかけての日本付近の気象の解析と予想に関し、以下の問に答えよ。予想図の初期時刻は、すべて10月6日21時（12UTC）である。

・図1は6日21時（12UTC）の地上天気図、図2は同時刻の高層天気図である。これらの図を用いて、以下の問に答えよ。

（1）次の文章は、6月21日（12UTC）の日本付近の気象の概況について述べたものである。文章の中の空欄（①）～（⑮）に入る適切な語句または数値を解答欄に記入せよ。ただし、天気は国内式（気象庁天気種類表）とする。

地上天気図（図1）によると、沿海州に低気圧があって（①）に（②）ノットで進んでいる。これとは別に中国地方にも低気圧があって北東に進んでおり、中心から南西に延びる寒冷前線が九州南部から南西諸島を通過中である。日本付近はこれらの低気圧を含む深い（③）の中にあり、天気は全国的に雨または曇りである。

沿海州にある低気圧の進行方向前面にあたる稚内（北海道）における天気は（④）、気温は（⑤）℃、前3時間の気圧変化量は（⑥）hPaであり、仙台（宮城県）における天気は（⑦）、気温は（⑧）℃、雲量は8分量で（⑨）である。また、中国地方の低気圧の暖域内にある潮岬（和歌山県）における風向は（⑩）、風速は（⑪）ノットで、天気は（⑫）、露点温度は（⑬）℃である。前線が通過した石垣島（沖縄県）では前1時間内に（⑭）性の雨があったが、この時刻の天気は（⑮）である。

(2) 解答図（500hPa天気図）に太線で示した範囲内における気圧の谷の位置を実線で、気圧の峰の位置を波線（ ⋀⋁⋁ ）で記入せよ。

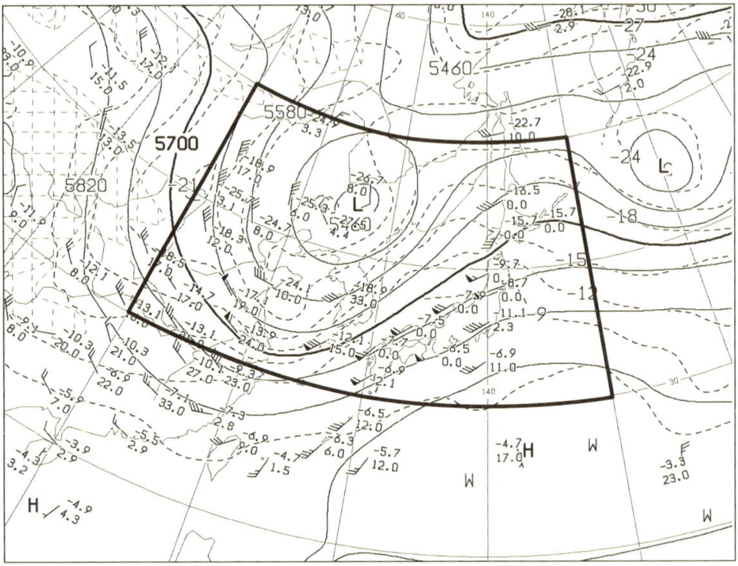

(3) 850hPa天気図（図2（下））でみると、札幌と稚内（いずれも北海道）の間に850hPa面で温暖前線があると考えられる。温暖前線があると判断される理由を50字程度で記述せよ。

【第20回（平成15年度第1回）実技1・問1】

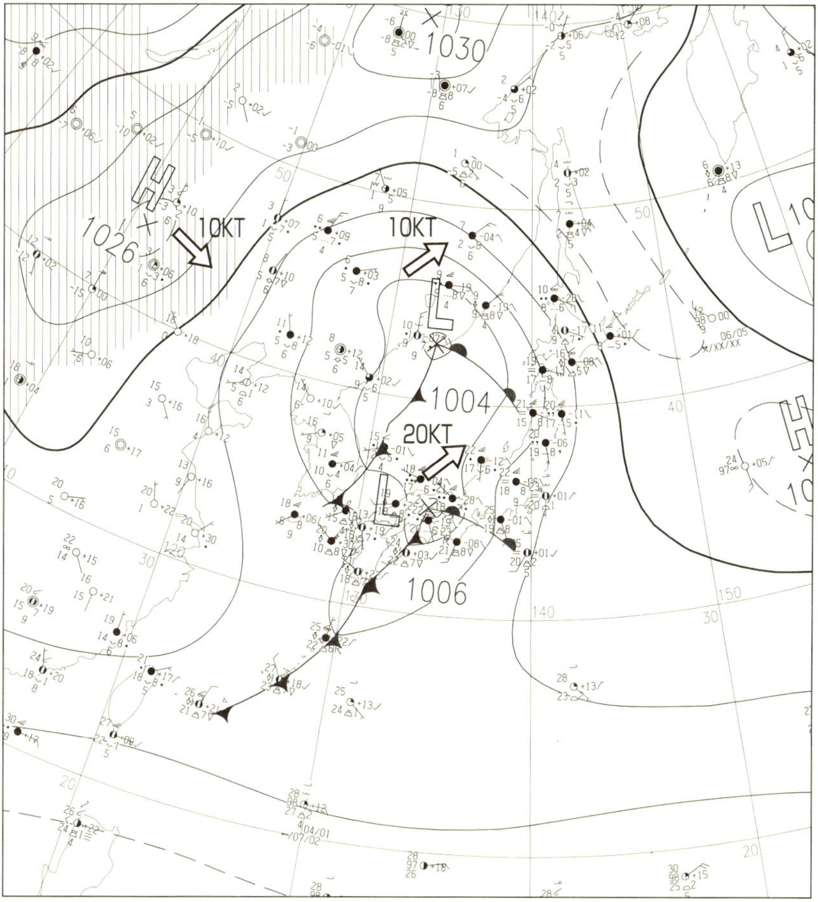

図1　地上天気図　XX年10月6日21時（12UTC）

実線および破線：気圧（hPa）

矢羽：風向・風速（ノット）（短矢羽：5ノット、長矢羽：10ノット、旗矢羽：50ノット）

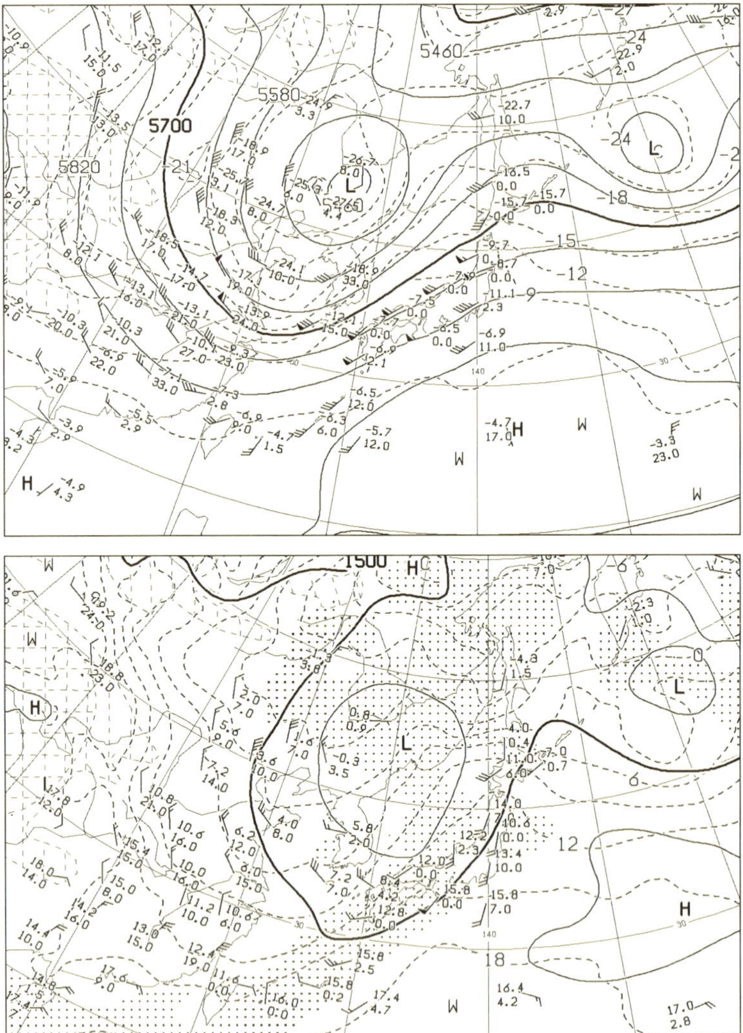

図2　500hPa天気図（上）　XX年10月6日21時（12UTC）
　実線：高度（m）、破線：気圧（℃）
　矢羽：風向・風速（ノット）（短矢羽：5ノット、長矢羽：10ノット、旗矢羽：50ノット）
850hPa天気図（下）　XX年10月6日21時（12UTC）
　実線：高度（m）、破線：気圧（℃）（網掛け域：湿数＜3℃）
　矢羽：風向・風速（ノット）（短矢羽：5ノット、長矢羽：10ノット、旗矢羽：50ノット）

答えは➡P.197

確認テスト解答

第1章解答

③（c）のみ誤り

【解説】

（a）正しい

寒冷前線が通過する時は、風向は南よりの風が南西→西→北西と変わるのが一般的です。また、温暖前線の場合も、東よりの風が東→南→南西と変わるのが一般的です。どちらも風向は時計回りの変化になります。

（b）正しい

寒冷前線を直角に横切るように線を引いてみるとわかるとおり、寒冷前線が通過する時点が最も気圧が低く、通過後は気圧が上昇します。

（c）誤り

温暖前線の場合は、その前線面を暖気が緩やかに上昇するために、悪天域が幅広くなります。一方、寒冷前線の場合は寒気の先端部分では悪天になりますが、その後ろ側は乾燥した冷たい空気がやってきますので、急速に天気が回復します。ただし、冬の日本海側では冬型の気圧配置に変わりますので、悪天が続きます。これは前線に伴う悪天域ではありませんので、一般には寒冷前線に伴う悪天域のほうが幅が狭いということになります。

（d）正しい

1-7（→ p.23）で解説したとおり、寒冷前線の前の暖域でも強い雨の降ることがあります。

第2章解答

③が誤り

【解説】

①正しい

弱い熱帯低気圧が発達するということは、中心の気圧が下がり中心付近の風が強くなるということです。中心付近の風が強くなると、中心付近に吹き込む水蒸気の量が多くなり、結果として積乱雲が発達して目がはっきりしてきます。

②正しい

台風の目の中では弱い下降気流になっています。下降すると温度が上がり、結果として湿度は低くなります。

③誤り

台風が通ると気温は上がりますが、海面の上を非常に強い風が吹くため、海水の対流が発生して海の表面に深い場所の海水が上がってきます。このため、海面水温は下がります。非常に発達した台風が通り過ぎた後に小さな台風がついてくることがありますが、海面水温が低いためにその台風が衰弱してしまうこともあります。

④正しい

7月から9月は太平洋高気圧が北へ張り出しているために、その外側を回る台風は高緯度で転向しますが、10月になると太平洋高気圧は勢力を弱め日本の南に前線が停滞したりしますので、台風は低い緯度で転向し前線に沿って北東へ進みます。

⑤正しい

台風が発生するためには、まず、発達した積乱雲が集まり、その積乱雲がコリオリの力によって回転を始める必要があります。北緯5度以南ではコリオリ力が弱いため、台風はほとんど発生しません。

第3章解答

②が誤り

【解説】

①正しい

高潮は台風中心付近で気圧が下がることによる吸い上げ効果と、強風で海水が陸地に向かって集められる吹き寄せ効果によって発生します。

②誤り

雹《ひょう》は発達した積乱雲から降りますので、秋から冬に限らず夏でも発生します。特に初夏の5月は季節の変わり目で、寒冷前線の通過する時などに積乱雲が発生するので雹の最も多い時期です。盛夏期にも積乱雲が発達しますが、気温が高いために雹が落下中に融けてしまって、初夏よりもやや数が少なくなります。

③正しい

雪が融けて発生する洪水のことを「融雪洪水」と呼びます。春先の北日本では、低気圧が通過すると雨が降る上に気温が上昇するので、雪融けが一気に進みます。このため洪水注意報・警報などを発表する際には、雨として降る降水量に加えて、雪融けによって川に流れ込む水の量を考慮しています。

④正しい

都市化が進むと地面はアスファルトやコンクリートで覆われるので、降った雨は地面に染み込むことなく、ほとんどが表面を流れて地下や河川に流れ込みます。これによって、短時間に強い雨が降ると、一気に浸水が進むという状況になっています。

⑤正しい

地震があると地盤が緩んだり、地面に亀裂が生じたりします。また、火山噴火があると、火山灰が山に積もります。このような状態の時に雨が降ると、少しの雨で土砂崩れが発生したり、火山灰が泥流や土石流となって麓に流れ込みます。このため、普段よりも低い基準で警報や注意報を発表することにしています。

第４章解答

（1）①北東　② 10　③気圧の谷　④雨　⑤ 10
⑥– 2.8　⑦霧雨　⑧ 20　⑨ 8　⑩南南西
⑪ 15　⑫雷　⑬ 21　⑭しゅう雨　⑮曇り

（2）次ページの図のとおり

（3）等温線が混んでおり、札幌と稚内では 7 度の温度差がある。
札幌は南西の風、稚内は南の風で水平シアーがある

【解説】

（1）天気図に描かれていることをほぼそのまま問われている問題であり、天気図の見方がしっかりできていれば問題なく解ける問題でしょう。注意しなければならないのは、天気図は国際式のものが示されていますが、天気は国内式で解答する点です。対応をしっかり覚えておきましょう。

①、②は低気圧の進行方向と速度を求める問題です。速度は天気図に記入されていますから、そのまま書けばいいでしょう。方向は、中国地方にある低気圧が「北東に進んでおり」と書いてあり、同じ方向です。

③は大きな場で見れば、大陸と太平洋にある高気圧に挟まれた気圧の谷の中にあることは自明でしょう。

④～⑮は観測地点を中心として、どの位置にどの数値・記号が記入されているかを知っていて、記号がどんな天気を示すかを知っていれば、問題なく解けるでしょう。一つ引っかかりそうなのが、⑫の天気でしょうか。国際式では「雷電で雨を伴う」ですが、「雷雨」という国内式の天気種類はなく「雷」になります。

⑭は逆に国内式では使わないしゅう雨性の雨か地雨性の雨かを問う問題です。1時間内に雨が降っていても観測時刻に雨が降っていなければ、天気は雨ではありませんので、⑮は曇りになります。

(2) 気圧の谷は等圧線の曲率の最も大きな場所を結んだ線ですが、この高層天気図の場合、プロットされた風に大きな風のシアーがありますので、このシアーのある場所を結べば正解になります。気圧の峰（尾根）も曲率の大きなところを結んだ線ですが、無理に曲げて長く引く必要はなく、この天気図の場合はおおよその場所を結んでほぼ南北に真っ直ぐ引いてください。

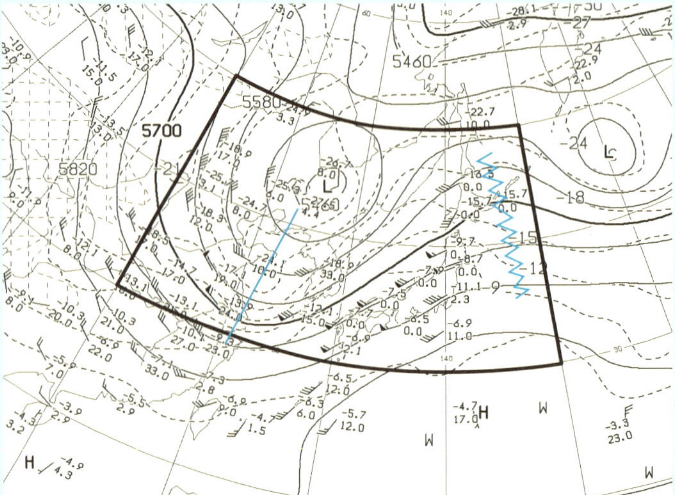

(3) 稚内（4.0 度）と札幌（11.0 度）の温度の差が大きく、等温線も混んでいることにはすぐに気がつくと思います。温暖前線ですから、それが最大の特徴になりますが、それだけでは 50 字には少し足りません。風の変化にも注目し、風向が変化していること、結果としてシアーがあって収束域になっていることなどに触れるとよいでしょう。

INDEX

数字・アルファベット

ア行

カ行

サ行

タ行

ナ・ハ行

マ・ヤ・ラ行

■参考文献

『一般気象学』小倉義光、東京大学出版会（1984）

『台風物語』饒村曜、（財）日本気象協会（1986）

『続・台風物語』饒村曜、（財）日本気象協会（1993）

『気象予報の物理学』二宮洸三、オーム社出版局（1998）

『八甲田山死の彷徨』新田次郎、新潮文庫（1978）

『検証・戦争と気象』半澤正男、銀河出版（1993）

『災害情報が命を救う 現場で考えた防災』山崎登、近代消防社（2005）

『気象科学事典』日本気象学会、東京書籍（1998）

『お天気なんでも小事典』三浦郁夫・川﨑宣昭、技術評論社（2005）

『「平成 10 年 8 月集中豪雨災害における住民の避難行動」平成 10 年度科学研究費補助金研究成果報告書』廣井脩ほか、科学技術庁（1999）

『「北海道西岸に発生する小低気圧の研究」技術時報別冊 38 号』若原勝二ほか、札幌管区気象台（1989）

『「前線の T ボーン模様」気象 36』小倉義光、（財）日本気象協会（1992）

『「Browning: 温帯低気圧–温帯低気圧における雲と降水の構造」測候時報 62』北畠尚子ほか、気象庁（1997）

『「Shapiro: 前線・ジェット気流・圏界面」測候時報 62』北畠尚子ほか、気象庁（1995）

『「日本付近で発達した Shapiro タイプの温帯低気圧　–前線形成の視点から見た事例解析–」天気 Vol.52』津村知彦・山崎孝治、（社）日本気象学会（2005）

『アンサンブル技術の短期・中期予報への利用「数値予報課報告・別冊第 52 号」』経田正幸ほか、気象庁予報部（2006）

『天気予報指針（基礎編）』気象庁予報部（1973）
『ひまわり画像の見方』気象衛星センター編集、（財）日本気象協会（1983）
『「平成 17 年台風第 14 号による 9 月 3 日から 8 日にかけての大雨と暴風」災害時気象速報』気象庁（2005）
『東京都内における水害について（速報）』野村孝雄、土木学会誌（2005）
『防災フォーラム in ながさき　長崎豪雨災害から 20 年』日本災害情報学会（2002）
『平成18年11月7日から9日に北海道（佐呂間町他）で発生した竜巻等の突風』札幌管区気象台ホームページ（http://www.sapporo-jma.go.jp/）
『平成 19 年版防災白書』内閣府ホームページ（http://www.cao.go.jp/）
『災害教訓の継承に関する専門調査会』中央防災会議ホームページ（http://www.bousai.go.jp/chubou/chubou.html）
『気象災害特性と気象災害の記録』名古屋地方気象台ホームページ（http://www.tokyo-jma.go.jp/home/nagoya/）
『災害をもたらした台風・大雨・地震・火山噴火等の自然現象のとりまとめ資料』気象庁ホームページ（http://www.jma.go.jp/）
『天気予報検証結果』気象庁ホームページ（http://www.jma.go.jp/）
『気象ダイアリー』気象人ホームページ（http://www.weathermap.co.jp/kishojin/）

■本書へのご意見、ご感想は、以下の宛先で書面にてお受けしております。電話でのお問い合わせにはお答えいたしかねますので、あらかじめご了承ください。

〒162-0846
東京都新宿区市谷左内町 21-13
株式会社 技術評論社 書籍編集部
『天気図がわかる』係

【著者略歴】

三浦 郁夫（みうら・いくお）

気象庁総務部航空気象管理官付課長補佐。昭和 34 年 9 月 20 日（空の日）北海道滝川市生まれ。気象大学校昭和 57 年卒。予報部予報課予報官、総務部総務課調査官、総務部産業気象課課長補佐、札幌管区気象台業務課長などを経て現職。日本気象学会「教育と普及委員会」委員、日本災害情報学会広報委員。著書に『お天気なんでも小事典』（技術評論社、共著）。

10 年近く前からホームページやブログなどで、自ら気象に関するページを立ち上げていたが、札幌管区時代に北海道大学科学技術コミュニケーター養成ユニット（CoSTEP）選科生となり、科学技術コミュニケーションについて認識を新たにする。この本の執筆を引き受けたのも、その時の講師陣や仲間たちの影響が大きい。趣味はウォーキングでプライベートでも空を眺めていることが多い。

カバーイラスト　● ゆずりはさとし
カバー・本文デザイン　● 下野剛（志岐デザイン事務所）
画像提供　● 気象庁
本文図版　● 明昌堂
本文レイアウト　● 逸見育子

ファーストブック
天《てん》気《き》図《ず》がわかる

2008 年　3 月 1 日　初版　第 1 刷発行
2021 年　9 月25 日　初版　第 4 刷発行

著　者　三《み》浦《うら》 郁《いく》夫《お》
発行者　片岡 巌
発行所　株式会社技術評論社
東京都新宿区市谷左内町 21-13
電話　03-3513-6150 販売促進部
03-3267-2270 書籍編集部
印刷／製本　日経印刷株式会社

定価はカバーに表示してあります。

ISBN 978-4-7741-3375-1 C3044
Printed in Japan